U0202065

白洋淀流域鱼类

杨春晖 张海鹏 李怡群 等 编著

海洋出版社

2023 年·北京

图书在版编目（CIP）数据

白洋淀流域鱼类 / 杨春晖等编著. — 北京：海洋
北京：海洋出版社，2023. 8
　ISBN 978-7-5210-1164-7

Ⅰ. ①白… Ⅱ. ①杨… Ⅲ. ①白洋淀-流域-鱼类资
源-普及读物 Ⅳ. ①S932. 4-49

中国国家版本馆 CIP 数据核字（2023）第 167579 号

白洋淀流域鱼类

BAIYANGDIAN LIUYU YULEI

责任编辑： 苏　勤

责任印制： 安　森

海洋出版社 出版发行

http://www.oceanpress.com.cn

北京市海淀区大慧寺路 8 号　邮编：100081

鸿博昊天科技有限公司印刷　经销：新华书店

2023 年 8 月第 1 版　　2023 年 11 月北京第 1 次印刷

开本：787mm×1092mm　1/16　印张：5.5

字数：85 千字　　定价：98.00 元

发行部：010-62100090　总编室：010-62100034

海洋版图书印、装错误可随时退换

编写组

主　　编：杨春晖　　张海鹏　　李怡群

副主编：王慎知　　许玉甫　　高文斌　　安宪深

编　　委：肖国华　　杨金晓　　慕建东　　郭　冉

　　　　　王真真　　刘金珂　　钟　喆　　宋子瑾

　　　　　刘彤童　　周忻宇　　杨贵本　　赵海涛

　　　　　李永超　　张　超　　张德昭　　高海军

　　　　　吕青天　　李川通　　臧培军　　张　炜

　　　　　程　枞

内容简介

　　本书记述了近年来在白洋淀及其 6 条上游河流——南拒马河、瀑河、漕河、府河、唐河、孝义河调查采集的 56 种鱼类，隶属于 1 纲 8 目 19 科 47 属；另外以附录形式对 1 目 4 科 7 属 7 种的经济虾蟹类进行了描述。对每个物种的地方名、同种异名、形态特征、生态习性、资源现状和经济意义进行了介绍，并配有清晰的原色照片。同时为了便于查询，还提供了中文名和学名索引。

　　本书是一本专业性与实用性、知识性与科普性相结合的图书，适合渔业科研与渔政管理人员、水产科技与渔业工作者、青少年学生、儿童及渔业爱好者参阅。

前　言

　　白洋淀位于雄安新区、海河流域大清河水系中游，是华北地区最大的淡水湖泊，有"华北明珠""华北之肾"的美誉。历史上白洋淀水域辽阔，水质优良，水生动植物资源丰富。但 20 世纪 60 年代以后，白洋淀水污染日趋严重，80 年代还出现了淀泊干涸的现象。雄安新区设立后围绕白洋淀水质提升、功能改善，采取了控源、截污、治河、补水、生态修复等一系列措施，白洋淀生态环境持续改善。

　　关于白洋淀鱼类的调查工作，可以追溯到 1933 年，众多学者先后对白洋淀鱼类资源进行过调查，编写过一些相关材料，但都比较零散，没有统一总汇。专著仅有《白洋淀鱼类》（郑葆珊等，1960）一部，调查范围不包括通淀河流，而且缺少原色照片及鱼类生态资料。此后由于入淀径流、淀内蓄水和渔猎活动等因素的影响，鱼类的种群组成和分布发生了很大变化。因此整理编写一部《白洋淀流域鱼类》，对白洋淀鱼类种群的现状、鱼类资源的保护、开发利用的可持续发展和鱼类的科学研究提供基础资料是非常必要的。

　　作者借助河北省海洋与水产科学研究院渔业资源研究室进行白洋淀流域游泳动物调查的机会，收集了在流域内现场采集的动物标本并拍摄了原色照片。在此基础上，参考了前辈学者们多年来宝贵的研究成果和相关文献资料，编撰完成了《白洋淀流域鱼类》。

　　本书记述了近年来在白洋淀及其 6 条上游河流——南拒马河、瀑河、漕河、府河、唐河、孝义河调查采集的 56 种鱼类，隶属于 1 纲 8 目 19 科 47 属；另外以附录形式对 1 目 4 科 7 属 7 种的经济虾蟹类进行了描述。在分类鉴定和形态特征描述方面，主要参考了《黄河鱼类志》（李思忠，2017）、《河北动物志·鱼类》（王所安等，2001）、《中国北部的经济虾类》（刘瑞玉，1955）、《河北动物志·甲壳类》（宋大祥等，2009）；中文名、学名和同种异名主要参考了中国生物物种名录（http://www.sp2000.org.cn）和《拉汉世界鱼类系统名典》（伍汉霖等，2017）。

本书重点记述种级阶元，对每个物种的地方名、同种异名、形态特征、生态习性、资源现状和经济意义进行了介绍，并配有清晰的原色照片。同时为了便于查询，还提供了中文名和学名索引。

本书是团队共同努力的成果，在标本收集过程中得到了雄县农业农村局渔政站，任丘市国家级四大家鱼良种场，河北雄安新区管理委员会公共服务局，安新县农业农村局，白洋淀渔民李玉树、李培学、王小怀、王老七、王建斌、杨昆仑、杨加仑等的大力支持与帮助；河北农业大学海洋学院高福宁、张仁龙、李泽龙同学进行了样品分析及整理工作；在本书编撰和出版过程中，承蒙河北省海洋与水产科学研究院领导和同事们的鼎力相助，在此一并致谢。特别感谢"白洋淀流域外来水生生物监测"项目对本书的资助。

2023年秋季调查时在白洋淀中新发现2种鲤形目鲤科鱼类——瓦氏雅罗鱼和赤眼鳟，均为近年来首次发现，可能由于受当年河北强降雨引发的洪涝灾害影响偶然进入淀中，本书未收录。

由于作者水平有限，加之时间仓促，书中难免存在疏漏和不足之处，敬请广大读者批评指正。

杨春晖

2023 年 11 月

目　录

辐鳍鱼纲 Actinopterygii

一、颌针鱼目 Beloniformes

（一）怪颌鳉科 Adrianichthyidae

青鳉属 *Oryzias* Jordan & Snyder，1906

1. 青鳉（qīng jiāng）*Oryzias latipes* subsp. *sinensis*（Temminck & Schlegel，1846）

地方名：双眼、大头鱼、大眼贼

同种异名：*Haplochilus javanicus*；*Oryzias latipes*；*Haplochilus latipes*；*Aplocheilus latipes*；*Aplocheilus latipes*

形态特征：背鳍 i – 5；臀鳍 iii – 14~17；胸鳍 i – 8~9；腹鳍 i – 5；尾鳍 iv ~ v – 8~10-iv ~ v。纵列鳞 28~30+2，腹鳍列鳞10。鳃耙外行12~15，内行 12~15。

体长 25 mm

体长形，侧扁，背部平直，腹部圆凸而窄。头稍短，背面平坦，向前渐甚平扁。吻钝，浅弧状。眼大，侧上位，距吻端较近。口小，上位，横浅弧状，下颌较上颌长，上、下颌均有小牙。舌游离。体被中等大圆鳞，分布于眼间隔到头体各处。无侧线。

背鳍短小，位于身体后部。臀鳍长，下缘斜直，起点距尾鳍基和眼约相等。胸鳍侧位而稍高，鳍基上端达体侧中线上方，呈圆刀形，略达腹鳍始点上方。腹鳍腹位，始点距臀鳍基较距胸鳍基近，略达肛门。尾鳍截形，中间微凹。

体背银灰色，两侧及下方银白色，体侧上部有一条黑色细纹。各鳍淡黄色或灰白色。

生态习性：为淡水浅水区上层小型鱼类，最大体长不超过 40 mm。生活于河流、湖泊、池塘的浅水处，喜在水草多、水不深的清水表面成群游动。以浮游生物为主要食料，也吃高等水生植物的碎片，吞食鱼卵、鱼苗及摇蚊幼虫。产卵期为 4 月下旬至 8 月，多在

水环境平静的清晨进行，此时雌鱼和雄鱼在外部形态上有显著差异。雌鱼因怀卵而腹部膨大，且松软，雄鱼则无此现象；雌鱼的臀鳍与腹鳍呈淡黄色，且较透明，雄鱼的臀鳍则呈浅灰黑色，且不透明；雄鱼的背鳍出现缺刻，鳍条不正常，雌鱼则不如此；雄鱼的臀鳍较高，且后部鳍条上出现较小的追星，雌鱼则没有。卵径约 1 mm，黏性，卵膜借长丝状物附着在卵巢膜上，使产出的卵不掉落。因而，受精卵系在母体上发育。一般在 20~28℃ 水温下，5~6 天即可孵化出仔鱼。

资源现状：流域内均有分布，产量小，为常见种。

经济意义：小型杂鱼，无食用价值。但能吞食蚊虫幼体，可以消灭蚊虫。因能吞食鱼卵和仔鱼，故在鱼类养殖的产卵池、孵化池中必须清除。但被广泛应用于水生毒理学的材料，国际标准组织（ISO）推荐为毒性试验室的标准用鱼，还可当作观赏鱼饲养。

（二）鱵科 Hemiramphidae

下鱵属 *Hyporhamphus* Gill，1859

2. 日本下鱵 （rì běn xià zhēn）*Hyporhamphus sajori* (Temminck & Schlegel，1846)

地方名：针鱼、单针鱼、针扎鱼

同种异名：*Hemiramphus sajori*

形态特征：背鳍 ii -14~18；臀鳍 ii -14~18；胸鳍 i -11~12；腹鳍 i -5；尾鳍 iv ~ v -12~13-iv ~ v。侧线鳞 $110 \frac{11 \sim 13}{3 \sim 4} 112$。鳃耙外行 8~9+23~25，内行 3~5+18~20。

体长 95 mm

体呈微侧扁的长柱形，背缘与腹缘平行，尾部向后渐尖。头长，似尖锥状。吻平扁，三棱锥状。眼侧位，较高。口中等大，平直，上颌尖锐，呈三角形，下颌突出呈平扁针状。上、下颌相对处有 3 尖形牙齿。体被较小圆鳞，易脱落。侧线完整，位低，位胸鳍下方，自鳃峡经胸鳍下方和腹鳍、臀鳍基稍上方达尾鳍基。

背鳍与臀鳍相对，始于肛门正上方。臀鳍似背鳍，始于背鳍始点略后方。胸鳍短宽，位于侧中线上方。腹鳍小，腹位，始点距尾鳍基约等于距前鳃盖骨角或眼后缘，远不达肛门。尾鳍分叉，下叶长于上叶。

体银白色，背侧暗绿色，沿背中线有一黑色纵纹；下方白色；体侧自胸鳍基上缘到尾鳍基中央各有一银灰色纵带，前端细尖且较高，后端较宽且为侧中位。鳍淡黄色或黄白色，末端常为灰黑色。头顶部与上、下颌黑色，下颌前端附近为红色。

生态习性：为暖水性上层小型鱼类，体长 160~240 mm。多喜栖于河口附近的流水里，芦苇间的壕沟内也有，但为数极少。游泳敏捷，常跃出水面避敌。以轮虫、枝角类、桡足类、水生昆虫、丝状藻等为食。产卵期在 5—6 月。成熟卵径 2 mm 以上。

资源现状：近年来资源量有所上升，在淀内数量极少，多为随河流进入，为偶见种。

经济意义：小型杂鱼，可食用，有一定经济价值。

二、鲤形目 Cypriniformes

（一）花鳅科 Cobitidae

花鳅属 *Cobitis* Linnaeus，1758

3. 花鳅 （huā qiū）*Cobitis taenia* Linnaeus，1758

地方名：山石猴、花泥鳅

同种异名：—

体长 56 mm

形态特征：背鳍 iii-7；臀鳍 iii-5；胸鳍 i-8；腹鳍 i-5；尾鳍 iv～v-15-iv～v。鳃耙 2+10。下咽齿 10，尖形。

体细长，圆筒状，尾部侧扁。头亦侧扁。吻略突出，钝尖。眼小，侧位而高，眶前骨在眼下方后呈一叉状棘。口小，亚下位，马蹄形。口部有小须 3 对（吻须 2 对、上颌须 1 对）。下唇肥厚，中断，且游离。眼间隔宽小于眼径。肛门位于臀鳍始点附近。鳞很小，头侧无鳞。侧线不完全，仅在胸鳍上方显明。

背鳍约始于鼻孔至尾鳍基的正中点。臀鳍始点距腹鳍始点约等于距尾鳍基，下缘圆弧形。胸鳍下位，短小，呈圆扇形（雌鱼胸鳍呈圆形）。腹鳍始于第 2～3 分枝背鳍条基下方。尾鳍圆截形。

体呈淡黄褐色，向下渐淡，腹侧白色。背部及体侧各有较大的矩状黑褐色斑 1 行。头部至背鳍间有黑褐色斑 6 个，其后端至尾鳍基间有黑褐色斑 7 个。体侧中线上方至背部间另有褐色小斑点 3 行。头部有不规则的黑褐色斑纹，由吻到眼间有一条明显的黑纹。尾鳍基上方有一个明显的黑点。背鳍和尾鳍上有黑点纹。胸鳍、腹鳍和臀鳍均为白色。

生态习性：为缓静水域的小型底栖鱼类，喜生活在浅水带多水草的底处及河口附近流水处。主要食物为枝角类、水生昆虫及其幼虫，也吃高等植物叶片及藻类。产卵期在 5—6 月。

资源现状：数量极少，仅 2021 年在南拒马河、府河地笼网中各捕获 1 尾，为稀见种。

经济意义：小型杂鱼，可食用，无大经济价值。

泥鳅属 *Misgurnus* Lacepède，1803

4. 泥鳅（ní qiū）*Misgurnus anguillicaudatus*（Cantor，1842）

地方名：肉泥鳅

同种异名：*Cobitis anguillicaudata*；*Misgurnus mizolepis heungchow*；*Misgurnus mizolepis unicolor*

形态特征：背鳍 iii-7；臀鳍 iii-5~6；胸鳍 i-8~9；腹鳍 i-5~6；尾鳍 vi~x-15-viii~x。纵列鳞约 150+2。鳃耙 2~3+12~13。下咽齿 1 行，约 10 个，扁尖形。

体长形，呈圆柱状，尾柄侧扁而薄；腹侧宽圆；尾柄上、下皮棱发达。头小，钝锥状。

体长 115 mm

吻短钝。眼小，侧上位，被皮膜覆盖，无眼下刺。口下位，呈马蹄形。须 5 对（吻须 1 对、上颌须 2 对、下颌须 2 对）。下唇中断，前端肉突起状，有些亦呈小须状。鳞甚细小，为半埋入式，头部无鳞。侧线完全，侧中位。

背鳍短，起点与腹鳍起点相对，略达肛门。臀鳍约位于腹鳍基到尾鳍基的正中间，似背鳍而较窄。胸鳍侧下位，圆形。腹鳍始于背鳍始点略后方，不达臀鳍。尾鳍圆形。

体上部灰褐色，下部白色，体侧有不规则的黑色斑点。背鳍与尾鳍有黑褐色小点纹，尾鳍基部上方有一显著的黑色大斑。其他各鳍灰白色。

生态习性：为东亚稍小型淡水底层鱼。多栖息于泥底静水池塘、沟渠、稻田等水域。生活最适水温为 20~30℃，对环境的适应力很强，当水浅时潜伏泥中亦能生存，能用口吸入空气，在直肠内进行呼吸作用。产卵期在 6—7 月。性成熟个体，雌鱼多大于雄鱼，且前者胸鳍较小，末端圆；雄鱼胸鳍第二鳍条扩大且伸长，背鳍下方的体侧略为凹入。怀卵量随鱼体的增长而有所增加。卵黄色，半透明，微黏性，卵径 1.1~1.3 mm。产出后附着在水草上，很容易脱落，落下后仍能正常发育。为杂食性鱼类，主要以水生昆虫及其幼虫、小螺、藻类和高等植物碎片为食。

资源现状：流域内均有分布，产量不多，为常见种。

经济意义：肉细嫩，味鲜，营养及药用价值较高，为食用经济鱼类，颇受欢迎。

副泥鳅属 *Paramisgurnus* Dabry de Thiersant，1872

5. 大鳞副泥鳅 （dà lín fù ní qiū） *Paramisgurnus dabryanus* Dabry de Thiersant，1872

地方名：泥鳅、肉泥鳅

同种异名：—

体长 140 mm

形态特征：背鳍 iii-7；臀鳍 iii-5；胸鳍 i-10~11；腹鳍 i-6；尾鳍 vii~x-14-15-vii~x。纵列鳞 124~125。鳃耙 3+16。下咽齿 16 个，厚扁、钝圆。

体长圆筒形，尾柄很侧扁且上、下缘皮棱发达。头较短，亦侧扁。吻钝，须发达，吻须 1 对，上颌须 2 对，下颌须 2 对。眼侧上位，被皮膜覆盖，眼下无刺。口下位，马蹄形。下唇中断，后缘游离，前端有 2~3 圆粒状突起。鳞明显，较泥鳅大，排列整齐，头部无鳞。侧线完全，侧中位，前端较高。

背鳍圆形，始于体正中点稍后方，不伸过肛门。臀鳍亦圆形。胸鳍侧下位，距腹鳍很远。腹鳍始于第 3 分枝背鳍条基下方。尾鳍圆形。

体背部及体侧上半部灰褐色，腹侧白色。体侧具有许多不规则的黑褐色斑点。背鳍、尾鳍较灰暗且具黑色小点，尾鳍基上部无黑斑，其他各鳍灰白色。

生态习性：为我国东部淡水特产底层中小型鱼类，喜栖息于底泥较深的浅水水域。属定居性，不长距离游动。对环境适应能力强。最适水温 25~27℃，在水温 10℃ 以下、30℃ 以上时停止摄食。为杂食性鱼类，幼鱼主要摄食浮游动物，成鱼以植物性食物为主。产卵期在 4—9 月。卵沉性，黏附于植物上发育。

资源现状：流域内均有分布，产量不多，为常见种。

经济意义：肉质细嫩，味道鲜美，有相当高的营养价值及药用价值，为食用经济鱼类。

（二）鲤科 Cyprinidae

棒花鱼属 *Abbottina* Jordan & Fowler，1903

6. 棒花鱼 (bàng huā yú) *Abbottina rivularis* (Basilewsky，1855)

地方名：大头石猴、爬虎鱼、沙锤、离水烂

同种异名：*Pseudogobio rivularis*；*Abbottina rivularis*；*Gobio rivularis*

形态特征：背鳍 iii - 7；臀鳍 iii-5；胸鳍 i -12；腹鳍 i -7；尾鳍 vii+17+vi。侧线鳞 $36\frac{6}{4}2$；鳃耙内行 2+9，外行不显明；下咽齿 1 行，5 个。

体长，前部粗大，向后渐尖且较侧扁，背部稍隆起，腹部平直。

体长 84 mm

头似四棱钝锥状，背面宽平且向前略斜。吻钝，背面在鼻孔前方有一横沟。眼小，侧上位。口下位，呈马蹄形。两颌无角质边缘。唇发达，无显著乳突，上唇两侧较宽，下唇中叶为一对前部相连的肉质突起。口角上颌须 1 对，长约与眼径相等。体被中等大圆鳞。头及喉部无鳞。侧线侧中位。

背鳍无硬刺，位于背部最高处，起点距吻端较距尾鳍基为近。臀鳍似背鳍，起点距尾鳍基部较距腹鳍基为近。胸鳍侧下位，水平型，达背鳍下方而略不达腹鳍。腹鳍始于背鳍基中部下方，约达肛门与臀鳍始点正中间。尾鳍圆叉状，上叶稍长于下叶。

体背部暗棕黄色，有许多不规则小黑点；体侧呈棕黄色；腹部白色。背部自背鳍起点至尾基有 5 个黑色大斑。体侧有 7~8 个灰黑色大斑。各鳍为淡黄色；除臀鳍外，各鳍均有黑斑点形成的条纹。

生态习性：为淡水底层小型鱼类，喜伏游多沙石的水底附近，活动常似爬行状。主要摄食水生昆虫的幼虫、浮游生物以及底栖无脊椎动物和一些小型硅藻与丝状藻等。产卵期在 4—5 月。雄鱼在生殖季节常在头部和胸鳍第一鳍条上出现白色的追星，有时使胸鳍外缘呈锯齿状。雌雄鱼有筑巢习性，雄鱼有护巢行为。产沉性卵，直径包括卵膜在内 2~2.5 mm，卵膜散粘在沙粒上，产卵时水温约 30℃；水温平均 18℃时 6~8 天孵出仔鱼，初仔体长约 4.2 mm。

资源现状：流域内均有分布，但产量小，为常见种。

经济意义：小型杂鱼，可食用，亦可作饲料鱼，无大经济价值。

鱊属 *Acheilognathus* Bleeker，1859

7. 短须鱊 （duǎn xū yù）*Acheilognathus barbatulus* Günther，1873

地方名：屎包、罗垫

同种异名：Acheilognathus argenteus；Acheilognathus peihoensis；Acanthorhodeus barbatulus

体长 43 mm

形态特征：背鳍 iii - 11 ~ 13；臀鳍 iii - 9 ~ 10；胸鳍 i - 14 ~ 15；腹鳍 i - 7；尾鳍 vii ~ viii + 17 + vii ~ viii。侧线鳞 32 ~ 35 $\frac{6}{4 \sim 5}$ 2；鳃耙外行 5 ~ 7 + 21 ~ 23，内行 7 ~ 10 + 19 ~ 23；下咽齿 1 行，5 个。

体长椭圆形，侧扁。头小，亦侧扁。吻钝短。眼侧中位，眼间隔宽微大于眼径。口小，端位，半圆形，部分个体口角有一对短小触须。体被圆鳞，鳞稍大。侧线侧中位，较平直，完整。

背鳍约始于体前后的正中央，具 2 条化为硬刺的不分枝鳍条。臀鳍具不分枝鳍条 2 枚，已骨化为硬刺，起点在背鳍第 6 根分枝鳍条的垂直下方。胸鳍尖刀状，侧位而低，不达腹鳍。腹鳍始于臀鳍始点略前方，约达臀鳍始点。尾鳍深叉状。

体银白色，在鳃孔上端后缘常有一黑斑。尾柄中央有一黑色纵带，前伸至背鳍起点下方。各鳍淡黄色。雄鱼的背鳍上有两列小黑点，雌鱼背鳍的前部有一黑斑。

生态习性：为我国东部中下层小型鱼类，生活于河流、湖泊、淀塘等缓静浅水区。主要以藻类为食，也食小型浮游动物。春夏间产卵于蚌类外套腔内。雄鱼生殖期吻端出现白色追星，背鳍、臀鳍鳍条有延长现象。雌鱼有产卵管。

资源现状：流域内均有分布，入淀河流中数量较多，为常见种。

经济意义：小型杂鱼，可食用，亦可作观赏鱼，经济价值不大。

8. 兴凯鱊 （xìng kǎi yù）*Acheilognathus chankaensis* （Dybowski，1872）

地方名：屎包、罗垫

同种异名：*Acanthorhodeus wangi*；*Acanthorhodeus atranalis*；*Devario chankaensis*；*Acanthorhodeus chankaensis*

形态特征：背鳍 iii - 12；臀鳍 iii - 10~11；胸鳍 i -14；腹鳍 i -7；尾鳍 vi ~ vii + 17 ~ 18 + vi ~ vii。侧线鳞 33 ~ 36 $\frac{6}{5}$ 2；鳃耙外行 4+18，内行 13 + 19；下咽齿 1 行，5 个。

体长 65 mm

体侧扁且较高，呈纺锤形。头稍小，口前位，上、下颌几等长。吻钝短，较眼径短。眼侧中位，后缘距头前、后端约相等。口角无须。除头部外体被圆鳞。体侧鳞大，喉部鳞小。侧线完全，侧中位。

背鳍约始于体前后端的正中央。臀鳍始于背鳍基底中部下方，似背鳍而较低短。胸鳍侧位而稍低，圆刀状，不达腹鳍。腹鳍始于臀鳍始点略前方。尾鳍深叉状。

头体背侧黄灰色，两侧银白色。体侧 4~5 个侧线鳞上有一个蓝色斑点。沿尾柄中部有一黑色纵纹。除胸鳍外，各鳍多淡黄色。雄鱼背鳍、臀鳍有 2 纵行小黑点且臀鳍下缘黑纵带状。

生态习性：为我国东部小型中下层淡水鱼类，生活于河流、湖泊、坑塘、洼淀的浅水处。最大体长约达 90 mm。以藻类和浮游动物为主食，也食植物碎屑等。产卵于 3 月开始，可延至 6 月。在生殖期体色较鲜艳，雌鱼在肛门后缘有产卵管突出，体外可见，将卵产于双壳类软体动物鳃中孵化。雄鱼的吻具白色追星，鳍条上的小斑点变得明显，臀鳍边缘黑色带加宽。卵为橘黄色，椭圆形，长径约为 1.5 mm。

资源现状：流域内均有分布，数量较多，常在地笼网中见到，为常见种。

经济意义：小型杂鱼，可食用，亦可作观赏鱼，经济价值不大。

9. 大鳍鱊 (dà qí yù) *Acheilognathus macropterus* (Bleeker，1871)

地方名：屎包、罗垫

同种异名：*Acanthorhodeus tonkiennsis*；*Acanthorhodeus macropterus*；*Acanthorhodeus taenianalis*

形态特征：背鳍 iii -15~18；臀鳍 iii -12~14；胸鳍 i -13 ~ 15；腹鳍 i -7；尾鳍 vi ~ vii+17+vi ~ vii。侧线鳞 35 ~ 37 $\frac{6}{5}$ 2；鳃耙外行 5+8 ~ 11，内行 12+16；下咽齿 1 行，5 个。

体呈卵圆形，侧扁，背部明显隆起，背鳍始点处体最高。头短小，侧扁。吻钝短。眼侧中位，眼间隔宽且微圆凸。口端下位，略呈马蹄形。口角具 1 对颌须。体侧鳞很大；喉胸部鳞较小。侧线侧中位，完全。

背鳍起点位于吻端至最后鳞片中点。臀鳍约始于第5～6分枝背鳍条基的下方。胸鳍圆刀状，侧位而较低，不达腹鳍。腹鳍始于背鳍始点前方，亦圆刀状，略不达臀鳍。尾鳍深叉状。

体背侧灰黄色，体侧及下方银白色。尾柄中央有一条黑色纵带。幼鱼背鳍始点前方有一大黑点。成鱼约在第1及5侧线鳞稍上方各有一大黑点。鳍淡黄色，奇鳍灰暗，背鳍、臀鳍常有3纵行小黑点。

体长 85 mm

生态习性：为缓静水区的中下层小型鱼类，体长可达70～80 mm，生活于河流、湖泊的浅水处，通常多喜栖于水草丛中，活动范围不大，不做长距离游动。以浮游生物为食，其中藻类较多，也食浮游动物和高等水生植物，可能因季节和环境食性有所变化。产卵期在5—7月，常将卵产在蚌的外套腔内，以免水枯落时被干死。卵椭圆形，橘黄色。卵分批成熟，所以分批产卵。在生殖季节，雄鱼的背鳍和臀鳍鳍条均有所延长，鳍的外缘呈弧形。臀鳍上出现三列小黑点，并具有白色边缘，在吻部和眼睛上缘出现白色追星；雌鱼产卵管突出，体外可见。

资源现状：流域内均有分布，数量较多，常在地笼网中见到，为常见种。

经济意义：小型杂鱼，可食用，亦可作观赏鱼，无大经济价值。

细鲫属 *Aphyocypris* Günther，1868

10. 中华细鲫 (zhōng huá xì jì) *Aphyocypris chinensis* Günther，1868

地方名：似细鲫

同种异名：*Aphyocyprioides typus*

体长 38 mm

形态特征：背鳍 iii-7；臀鳍 iii-7～8；胸鳍 i -13；腹鳍 i -7；尾鳍 vi～viii-17-vi～viii。纵行鳞30～32+2。鳃耙外行2～4+9～10，内行2～3+9～10。下咽齿5-4，3-2。

体长形，中等侧扁。头中等大，略侧扁，前端钝圆。吻宽钝。眼侧中位，中等大。口前位，下颌稍向前突出，口裂稍向上倾斜。无口须。鳞中等大。侧线不完全，仅鳃孔背角后方有侧线。

背鳍短，始于眼与尾鳍基间正中点稍后方，背缘斜且微凸。臀鳍中等长，始于背鳍基后端稍后方。胸鳍侧下位，达腹鳍始点附近。腹鳍始于背鳍始点稍前方，末端可达肛门。尾鳍钝叉状。

在不同区域或生境中的种群体色有一定差异。通常体背侧灰黑色，腹侧白色，各鳍微带黄色。自眼后至尾柄基部有不太显著的宽黑条纹。

生态习性：为溪流、湖泊小型中上层鱼类。一般体长 30~50 mm，最大个体可达 60 mm。生活于沟渠、池塘、湖泊、河流的内湾处。喜集小群，游泳迅速。摄食硅藻、绿藻、蓝藻，也食浮游动物的枝角类和昆虫幼虫等。生殖期雄鱼胸鳍上有白色追星；头部和体侧金黄色；体侧纵带上显现暗绿色。产卵期在 4—6 月。成熟卵径 0.8 mm，受精卵吸水后，卵径 1.1 mm。卵黏性。

资源现状：数量极少，仅 2020 年春季在淀区、府河、孝义河地笼网中捕获几尾，为稀见种。

经济意义：小型杂鱼，无经济价值。

鳙属 *Aristichthys* Oshima，1919

11. 鳙 （yōng） *Aristichthys nobilis* （Richardson，1845）

地方名：花鲢、胖头

同种异名：*Leuciscus nobilis*；*Hypophthalmichthys nobilis*

形态特征：背鳍 iii - 7；臀鳍 iii-12~13；胸鳍 i - 18~19；腹鳍 i -7~8；尾鳍 vi ~ vii-17- vi ~ vii。侧线鳞 $91 \frac{23~26}{18~20} 105 + 5~6$；鳃耙外行 142~164，内行 96~115。咽齿 4-4。

体侧呈长椭圆形，侧扁。头肥大，长大于体高。腹部在腹鳍基部之前较圆，后部至肛门处有窄的腹棱。

体长 518 mm

吻钝圆而宽。眼小，位于头前半部，体纵轴之下。口前位，口裂稍向上倾斜，下颌稍突出。体被圆鳞，鳞很小。侧线完全，侧中位，前部较高，在腹部弯曲，向后延至尾柄正中。

背鳍短，始于体正中点略后方，伸达臀鳍中部。臀鳍中等，始于背鳍基稍后方，下缘

斜凹。胸鳍位很低，刀状，伸过腹鳍基。腹鳍始于背鳍前方，不达肛门。尾鳍深叉状。

体背及两侧上半部黑褐色，向下色渐淡，腹部银白色。体侧有许多不规则的黑斑点。各鳍灰黑色，缀有许多黑色小斑点。

生态习性：为我国特产淡水中上层大型鱼类，栖息于流水或较大静水水体中。性温和，喜群游。主要以浮游动物为食，如轮虫、桡足类、枝角类等。鳙生殖季节较长，于4月下旬至7月下旬溯游，水温20~27℃时在急流中产浮性卵，最大卵径可达1.7 mm，但在淀内性腺不成熟，因而不能繁殖。性成熟后在雄鱼胸鳍前边几枚鳍条上有向后倾斜的刃状齿，以手由后向前抚摸时，有刺手感觉。这种刃状齿，一旦形成即不再消失，是性成熟的一种标志。

资源现状：白洋淀鳙的来源与鲢相同，均为早期从长江移来的养殖品种。现主要来源于增殖放流，已遍布淀内，但在河流中不曾发现。数量较鲢少，为偶见种。

经济意义："四大家鱼"之一，为我国重要的淡水经济鱼类，常与鲢搭配作为控制水体浮游生物的增殖放流主要品种之一，亦为药用鱼类，经济价值较高。

鲫属 *Carassius* Nilsson，1832

12. 鲫 (jì) *Carassius auratus* subsp. *auratus*（Linnaeus，1758）

地方名：鲫瓜

同种异名：*Cyprinus pekinensis*；*Carassius carassius*；*Cyprinus gibelipides*；*Cyprinus auratus*；*Carassius auratus* var. *wui*；*Carassius auratus*

体长 221 mm

形态特征：背鳍 iii ~ iv - 16 ~ 19；臀鳍 ii ~ iii - 5；胸鳍 i - 16 ~ 17；腹鳍 i - 8；尾鳍 v ~ vii - 17 - iv ~ vii。侧线鳞 $26 \sim 29 \frac{6}{5} 2$；鳃耙外行 18 ~ 24 + 19 ~ 27，内行 18 ~ 28 + 19 ~ 26。咽齿 1 行，4 个。

体长椭圆形，侧扁。头短小，亦侧扁。吻钝圆。眼中等大，侧中位。眼间隔宽凸。口前位，下颌较上颌略短。唇发达。无须。除头部外都被圆鳞，鳞片中等，喉胸部鳞较小。侧线完全，侧中位。

背鳍长，始于体正中央的稍前方。臀鳍短，始于倒数第6~7背鳍条基下方。最后硬刺似背鳍硬刺。胸鳍侧位而低；圆刀状；达腹鳍始点前后。腹鳍始于背鳍始点略前方；形似胸鳍，不达臀鳍。尾鳍深叉状，叉钝圆。

体呈银灰色，背部颜色较深，腹部色较浅，各鳍为灰色。因栖息的环境不同，颜色也有所不同。生在水草多处的鱼有金黄色光泽；淀内的鱼大多色暗。

生态习性：为中下层广温性中小型鱼类。喜栖居在聚草、菹草等水草多的浅水带，冬季则游入芦苇、皮条草等丛生的较深水底越冬。鲫为杂食性鱼类，主要以无脊椎动物为食，如枝角类、桡足类、摇蚊幼虫和小虾等，也食各种藻类，如硅藻、绿藻、水草的嫩叶及植物碎屑等。

鲫的繁殖力很强。产卵期比鲤要早约 10 天至半月。白洋淀的鲫一般 2 龄个体即可达到性成熟，水温达 14℃ 时可开始产卵，推测最早 3 月下旬即开始，谓之"桃花涮"。产卵期在 4 月初清明前后，持续到 6 月末，7—8 月时亦能产卵，但数量较少。盛期集中在 4 月中下旬，5 月水温达到 20℃ 以上时产卵活动逐渐减少，6 月末还会出现一段产卵较集中时期。在繁殖季节，雄鱼的吻部、鳃盖和胸鳍上部出现许多灰白色的追星，雌鱼无此现象。卵粒圆形，淡米黄色透明，卵径 1.5~1.6 mm，有黏性，在茞草、丝状藻及芦苇秆上分散附着。水温 15℃ 左右时鱼卵孵化需要 4~6 天；水温 21℃ 以上时 2~3 天即可孵化。初孵仔鱼体长 5 mm。产卵场主要集中在后塘淀、枣林庄及以大鸭圈为中心的北部区域。

资源现状：在流域内分布广，产量大，为优势种。因生长慢，个体不大，一般没有进行养殖，都是天然种群。近年来由于捕捞过度，使得个体逐渐变小，应注意资源恢复。

经济意义：肉质细嫩，味道鲜美，为广大群众所欢迎。是白洋淀产量最高的鱼类，亦为药用鱼类，经济价值很大。

草鱼属 *Ctenopharyngodon* Steindachner，1866

13. 草鱼 （cǎo yú）*Ctenopharyngodon idella*（Valenciennes，1844）

地方名：厚鱼、草包鱼、白鲩

同种异名：*Leuciscus tschiliensis*；*Leuciscus idella*；*Ctenopharyngodon idellus*；*Ctenopharyngodon laticeps*

形态特征：背鳍 iii - 7；臀鳍 iii - 7~8；胸鳍 i - 18~20；腹鳍 i - 8；尾鳍 vi~xi - 17 - vi~ix。侧线鳞 $37\sim41\frac{6}{5}3$；鳃耙外行 5+11，内行 3~7+15。下咽齿 2 行；2，5-4，2。

体长 285 mm

体长形，腹部圆而无棱，后部侧扁。头粗短、平扁。吻宽圆，平扁。眼较小，侧中位。口前位，半圆形，上颌较下颌稍突出。口前无须。唇薄，唇后沟位于口角。头部无鳞；模鳞圆形。侧线侧中位，前端稍高，到尾部延至尾柄正中。

背鳍始于体中央略后方，起点与腹鳍起点相对，不达臀鳍始点。臀鳍下缘微斜凹，末端向后延伸至尾鳍基。胸鳍侧下位，圆刀状，不达臀鳍始点。腹鳍短，始于背鳍始点稍后方，不达肛门。尾鳍深叉状。

体色茶黄色，背部青灰，腹部银白色，各鳍深灰色。体侧鳞片边缘灰黑色。

生态习性： 为我国东部平原特产的一种大型淡水鱼类，生活在平原地区河流、湖泊近岸多水草区域。一般栖息于水的中下层，性情较活泼，游泳迅速，常成群觅食。为草食性鱼类，鱼苗时期以浮游动物为食，幼鱼时期则以水生昆虫、蚯蚓、藻类及浮萍等为食。成鱼主要以马斑草、菹草、黑藻、柳叶苲等水草为食。草鱼产卵季节多在5—7月，雄鱼胸鳍上有成行的突起状追星，雌鱼追星较少。雄鱼性成熟较早。产浮性卵，顺水漂流，在水温20℃时发育最佳，30~40小时孵出鱼苗。

资源现状： 原栖居在江河内，早期白洋淀的草鱼可能是从拒马河游入的，现在为增殖放流的主要品种。但因缺乏促使性腺成熟的环境条件，故无法自然繁殖。近年来在淀内有一定产量，为常见种，但河流中未曾发现。

经济意义： 为重要经济鱼类，池塘养殖业中"四大家鱼"之一。其肉质鲜嫩，营养价值高。由于草鱼摄食水生和一些陆生植物，是著名的"垦荒者"，在我国和世界诸多国家和地区移放草鱼，作为控制湖泊水草繁衍的生物防治措施。曾经为淀区主要养殖对象，具有很高的经济价值。

鲌属 *Culter* Basilewsky，1855

14. 翘嘴鲌（qiào zuǐ bó）*Culter alburnus* Basilewsky，1855

体长 221 mm

地方名： 鲢子、撅嘴鲢子、大白鱼

同种异名： *Culter erythropterus*；*Erythroculter ilishaeformis sungariensis*；*Erythroculter ilishaeformis*；*Culter tientsinensis*

形态特征： 背鳍 iii - 7；臀鳍 iii-24~28；胸鳍 i - 14 ~ 15；腹鳍 i -8；尾鳍 v ~ vii -17- vi ~ vii。侧线

鳞61~64+3；鳃耙外行6+9~21，内行5~7+20~22。下咽齿5-4，4-3，2；长锥状，尖端钩状。

体长形，很侧扁。头背面几乎平直，头后背部微隆起。腹棱发达，不完全，自腹鳍基部至肛门。吻短而圆钝。眼大，侧中位。口上位，下颌肥厚，急遽上翘，突出于上颌前缘。鳞稍小，模鳞圆形。侧线侧中位，较平直，中部稍低。

背鳍始于体正中点稍后，达臀鳍中部。臀鳍基较长，下缘斜凹形，始于背鳍基后端稍后。胸鳍侧下位，末端接近腹鳍。腹鳍始于背鳍前方，不达肛门。尾鳍深叉状，下尾叉较长。

体呈银白色，背侧略呈灰黑色。臀鳍呈橙黄及红色，胸鳍与腹鳍亦带橙黄色。

生态习性：为我国江河平原上层中等大凶猛鱼，喜栖居在多水草的流水及大型水体中。游动迅速，善于跳跃。产卵期在5—8月，产黏性卵，黏附在水生植物茎叶上。卵淡黄色，卵径0.8~1.2 mm。水温22~23℃时约3天孵出仔鱼。产卵场集中在湖泊近岸带，水深1 m左右的水域。为肉食性鱼类，幼鱼时期主要以昆虫、枝角类和桡足类为食，成鱼以小杂鱼、水生昆虫及虾等为食。

资源现状：淀内产量不很多，河流中偶有发现，为偶见种。

经济意义：是一种肉质细嫩、味道鲜美的大型经济鱼类，经济价值较高。

原鲌属 *Cultrichthys* Smith，1938

15. 红鳍原鲌 (hóng qí yuán bó) *Cultrichthys erythropterus* (Basilewsky，1855)

地方名：刀鱼、撅嘴鲢子、白鱼

同种异名：*Culter erythropterus*；*Culter alburnus*

形态特征：背鳍 iii－7；臀鳍 iii－21~23；胸鳍 i－14~15；腹鳍 i－8；尾鳍 v~ix－17－v~ix。侧线鳞87~91，鳃耙外行4~7+17~21，内行5~7+19~21。下咽齿5-4，4-3，2；尖端钩状。

体侧扁较厚。头亦侧扁，背面平直，头后背部显著隆起。腹棱发达，完全，自腹鳍基部至肛门。吻

体长 191 mm

短钝。眼侧中位。口上位，口裂近似直立，下颌很厚且突出。鳞稍小；模鳞圆形。侧线侧中位，前端略向下弯曲，后段向上延至尾柄正中。

背鳍约始于体正中央。臀鳍始于背鳍基后端稍后方，下缘斜凹。胸鳍长，侧下位，尖刀状，其末端接近腹鳍。腹鳍位于背鳍前方，不达肛门。尾鳍深叉状。

背部灰褐色，体侧和腹面银白色。体侧鳞片后缘具黑色小斑点。背鳍灰白色，鳍的边缘略呈灰黑色，腹鳍、臀鳍和尾鳍下叶略带红色，尤以臀鳍色最深。

生态习性：为我国东部江河平原大型上层凶猛鱼，喜栖于水较深的多水草的清水里，亦喜在河口附近的流水里，游泳迅速。在静水环境中能够繁殖，产卵期在5—7月涨水季节，盛期在5月底至6月中旬。生殖季节雄鱼在头部和胸鳍条上有追星。卵黏性，淡黄色，卵径1.0~1.2 mm，卵产出后黏附在水草茎叶及芦苇秆上。幼鱼以枝角类、桡足类等浮游动物及水生昆虫为食，成鱼则以鳘类、鮈类等小型鱼类及水生昆虫为食。

资源现状：流域内均有分布，有一定产量，为常见种。

经济意义：肉质洁白细嫩，味道鲜美，深受消费者喜爱，经济价值较高。

鲤属 *Cyprinus* Linnaeus，1758

16. 鲤　（lǐ）*Cyprinus carpio* Linnaeus，1758

地方名：拐子、大鱼

同种异名：*Cyprinus carpio rubrofuscus*；*Cyprinus mahuensis*；*Cyprinus carpio*；*Cyprinus carpio haematopterus*；*Cyprinus carpio carpio*

体长 366 mm

形态特征：背鳍 iii ~ iv - 16 ~ 20；臀鳍 iii - 5；胸鳍 i - 15 ~ 17；腹鳍 i - 8；尾鳍 v ~ ix - 17 - v ~ viii。侧线鳞 $33 \sim 36 \frac{6}{6} 2 \sim 3$，鳃耙外行 5~9+13~16，内行 8~10+16~18。下咽齿白齿状，3行：4，2，1。

体长纺锤形，中等侧扁，背部隆起。头较小，亦侧扁。眼中等大，眼间隔微圆凸。吻钝。口前位，稍低，呈马蹄形，上颌稍长于下颌。唇仅口角处发达。须2对；上颌须粗大，吻须细弱，长约为上颌须一半。圆鳞中等大。侧线完全，侧中位，前端稍高。

背鳍长，最后一硬刺发达，后缘两侧向下有锯齿。背鳍外缘内凹，其起点距吻端比距尾鳍基为近。臀鳍短，起点与背鳍倒数第4~5根分枝鳍条相对，第3根不分枝鳍条为硬刺，后缘有锯齿。胸鳍侧位而低，圆刀状，约达背鳍始点下方。腹鳍亦圆刀状，末端不达肛门。尾鳍深叉状。

体背青灰而略带黄色，腹部白色，体侧带有黄色光泽。各鳞片后缘有许多黑点组成的新月形灰黑斑点。背鳍和尾鳍基微灰黑色，尾鳍下叶橘红色，偶鳍淡红色。但因所处的水域不同，体色也有些差异。在比较浑浊的浅水带内栖居的鱼，常现出较深的金黄色光泽，清水处色较淡。

生态习性：为淡水中下层鱼类。春、秋季喜生活在淀边水草多的浅水处的底层，晚秋和冬季则多到淀中水深处的苇草丛中去越冬。能忍受各种不良的环境，适应能力很强。鲤属于杂食性鱼类，不同时期食性有所变化。刚孵出的仔鱼以枝角类、桡足类等浮游动物为食，成鱼喜食螺、蚌、昆虫幼虫、水生高等维管束植物及种子。

鲤每年分 2 批产卵，第一批产卵在 4—5 月，此时水温约可达 17℃；第二批产卵在 6 月下旬至 7 月。喜产卵于缓静多水草处，尤喜黎明前安静时产卵。卵呈浅黄色，有黏性，卵径约 1.5 mm，在红线苇上分散附着。当水温 21℃ 左右时，鱼卵孵化需要 3~5 天。初孵仔鱼体长 5 mm。产卵场主要在后塘淀和小白洋淀。

资源现状：在淀内均有分布，河流中偶有发现，为常见种。是我国分布最广的鱼类之一。在天然水体中资源相当丰富，但由于近年来捕捞过度，使资源明显减少，应进行合理捕捞，加强对资源的保护。

经济意义：为我国北方重要的淡水经济鱼类，味道鲜美，营养丰富，经济价值较高，还有药用价值，在天然水体或池塘养殖业中都具有重要意义。

鳡属 *Elopichthys* Bleeker，1860

17. 鳡 （gǎn）*Elopichthys bambusa*（Richardson，1845）

地方名：猴鱼、黄钻

同种异名：*Nasus dahuricus*；*Leuciscus bambusa*

形态特征：背鳍 iii-9~10；臀鳍 iii-8~10；胸鳍 i-18~19；腹鳍 i-9；尾鳍 ix~xi-17-ix~xi。侧线鳞 $103~107\frac{18~20}{8~9}4$，鳃耙 1 行，3~4+11~12。下咽齿 3 行；5，4，2；侧扁，尖端钩状。

体细长型，中等侧扁。腹部无棱。头近尖锥状，亦侧扁，背面较宽坦。吻锥状，不突出。眼小，侧上位。口前位，上、下颌等长，下颌中间有一个角质突起，与上颌合缝处凹陷部分相吻合。口缘无须，口侧有唇后沟。鳞片小；除头部外，全身有鳞；模鳞圆形。侧线完全，侧中位，腹部稍低，向后延伸到尾柄正中。

背鳍始于体正中央稍后，伸不到肛门上方。臀鳍似背鳍而鳍条短，起点位于腹鳍基至

尾鳍基距离中间。胸鳍侧下位，尖刀状；起点位于鳃盖后缘，不达胸鳍、背鳍间距的正中点。腹鳍基位背鳍始点前方，亦尖刀状，远不达肛门。在腹鳍基部两侧各有 2 片狭长的腋鳞。尾鳍深尖叉状。

体背侧黄褐色，腹侧银白色。两颌及眼后头侧中部为艳黄色。背鳍与尾鳍青绿色，其他各鳍淡黄色。

体长 452 mm

生态习性：为我国东部平原淡水大型上层凶猛鱼类，喜在淀中少水草的深水或河口地段的深水急流处活动，游泳能力极强。性凶猛，行动敏捷，常袭击和追捕其他鱼类。幼鱼常以其他鱼苗为食，也食浮游动物，成鱼主要以鱼类为食，包括鳘、似鳞、鲫、棒花鱼等。产卵季节为 5—7 月涨水季节。卵产在无水草的深水急流内，为浮性卵。卵径 1.5～1.6 mm，可随水漂流。

资源现状：可能是 20 世纪自长江移植育苗带来的，淀内数量稀少，为稀见种。

经济意义：生长迅速，肉肥美鲜嫩，为上等食用鱼类。经济价值高但不易捕捉；特别是大型的个体，能将渔民的网或箔穿破，甚至能使人受伤。因是肉食性凶猛鱼类，给养殖业造成一定的危害。所以从养殖业角度看，作为害鱼而为被清除对象。不过在自然水域它也有清除野杂鱼的作用。

鮈属 *Gobio* Cuvier，1816

18. 棒花鮈（bàng huā jū）*Gobio rivuloides* Nichols，1925

体长 94 mm

地方名：船丁鱼

同种异名：*Gobio gobio*；*Saurogobio drakei brevicaudus*；*Gobio gobio rivuloides*

形态特征：背鳍 iii - 7；臀鳍 iii - 6；胸鳍 i - 15～16；腹鳍 i - 7；尾鳍 vii～x + 17 + vi～viii。侧线鳞 40～42 $\frac{6}{5}$ 2；鳃耙外行 3 + 4，内行

1~3+8~9；下咽齿 5，2。

体长形，前部圆筒形，向后渐尖且较侧扁。头较短，似尖锥形，后端略平扁。吻细长，略突出，背侧在鼻孔前方有一浅弧状横凹沟。眼较小，侧上位。口下位，半圆形。两颌仅达鼻孔前缘下方。下颌较短锐，半角质化。唇发达，光滑，唇后沟中断。口角须 1 对，达前鳃盖骨后缘或稍后方。除头部及喉胸部外，全身蒙中等大鳞；喉胸部无鳞区沿腹中线达胸鳍基稍后方；鳞三角形，前端横直，后端较尖。侧线侧中位。

背鳍前距略大于后距，不达臀鳍。臀鳍似背鳍而较窄短，距腹鳍起点近。胸鳍较短，始于第 1~2 分枝背鳍条基下方，约达臀鳍始点。腹鳍末端超过肛门。尾鳍深叉状。

体背侧灰褐色，腹侧白色或微黄，沿侧线稍上方有一不明显灰色纵纹，具斑点 9~11 个，背部也有 8~11 个黑斑点。眼前下方吻侧常有一灰色斜纹。各鳍淡黄色；背鳍与尾鳍灰黄而有灰色小点纹。须黄色。

生态习性：为淡水底栖肉食性鱼，喜栖于沙石底质的缓流浅水处。摄食蓝藻、硅藻、水生昆虫幼虫、摇蚊幼虫、底栖动物。产卵期 5—6 月。

资源现状：数量少，仅在入淀河流中发现十余尾，淀内未发现，为少见种。

经济意义：小型杂鱼，可食用，经济价值不大。

鎴属 *Hemibarbus* Bleeker，1860

19. 花鎴 （huā huá） *Hemibarbus maculatus* Bleeker，1871

地方名：马扎子、麻叉、大鼓眼

同种异名：*Barbus schlegeli*；*Hemibarbus barbus*；*Hemibarbus labeo maculatus*

形态特征：背鳍 iii - 7；臀鳍 iii - 6；胸鳍 i - 17~19；腹鳍 i - 8；尾鳍 v ~ vii - 17 - v ~ vii。侧线鳞 $47\sim49\frac{7}{6}2\sim3$；鳃耙外行 3+5~7，内行 3~5+8；下咽齿 5，3，1。

体长纺锤形，前端略成棒状，后部稍侧扁，腹部圆。头侧面尖三角形，吻侧到眼后缘有 1 行发达的黏液囊。吻稍突出，钝尖。眼中

体长 225mm

大，侧上位，眼缘游离。口下位，半椭圆形。下唇两侧叶狭窄，唇后沟中断，间距较宽。颌须 1 对，达瞳孔前缘。圆鳞基端截形，后端圆形。侧线完全，侧中位，前端微弯。

背鳍起点距吻端较距尾鳍基部为近。臀鳍窄刀状，其起点约位于腹鳍基和尾鳍基的中点。胸鳍侧下位，略伸过背鳍始点。腹鳍始于背鳍始点后下方，伸不到肛门。尾鳍深叉状。

体背侧灰褐色，且带有褐色小斑点，腹侧银白色。在侧线稍上方有8~14个黑色圆斑。背鳍与尾鳍灰黄色，有小黑点；其他鳍灰白色，微黄。

生态习性：为中下层淡水鱼。以昆虫幼虫、软体动物、甲壳动物等为食。产卵期为6—7月涨水季节，在河流缓流漫滩处和湖泊中均可产卵。卵黏性，卵径1.2~1.5 mm，卵膜上长满黏性长卷丝，黏附于植物茎、根或水草上发育。生殖季节，雄性头部布有追星，身体出现鲜艳的色彩。

资源现状：数量极少，为稀见种。

经济意义：肉质细嫩、味道鲜美，是我国常见的中小型食用鱼类之一，属于一般经济鱼类。

鰲属 *Hemiculter* Bleeker，1860

20. 贝氏鰲（bèi shì cān）*Hemiculter bleekeri* Warpachowsky，1887

地方名：白条、柳叶鱼、柳叶黄瓜鱼

同种异名：*Hemiculter leucisculus*

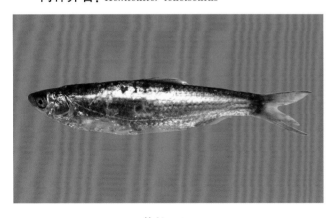

体长 110 mm

形态特征：背鳍 iii - 7；臀鳍 iii - 12~13；胸鳍 i - 14~15；腹鳍 i - 7~8；尾鳍 vi~viii - 17 - vi~viii。

侧线鳞 $39\frac{7\sim8}{2}44+2$；鳃耙外行 4~6+14~15，内行 8~9+19~24。下咽齿 3 行；2，4，5-5，4，2 或 2，4，4 - 5，4，2 或 1，4，5 - 4，4，1。

体长形、侧扁；背缘与腹缘均浅弧状，自胸部到肛门皮棱发达。头侧扁，稍尖小。吻短，稍尖。眼中大，侧中位，眼径常略大于吻长。口前位，斜裂。鳞中等大，易脱落。侧线完全，在胸鳍基后平缓向下弯曲，但未形成折角；沿腹缘行至臀鳍基部折向上弯曲；到尾柄渐升为侧中位。

背鳍：小鱼的背鳍始于体正中点，大鱼稍后；其起点距尾鳍基部比距吻端远。臀鳍位于背鳍后方，下缘凹斜。胸鳍尖刀状，侧下位，不达腹鳍。腹鳍位于背鳍前方。尾鳍深叉

状，下叉较长。

体背灰色。体侧和腹部银白色。各鳍灰白色。

生态习性：为我国东部江河平原区典型淡水上层小型鱼类。喜群游于缓静水的上层，游动敏捷，遇惊讯即潜逃。常在浅水岸边索食。主要以落水陆生昆虫、水生昆虫及大型浮游动物为食，亦食植物种子及藻类。5—6月产黄色浮性卵。

资源现状：数量稀少，仅2020年在淀区、府河中捕获数十尾，为稀见种。

经济意义：可食用，为小型经济鱼类。

21. 鰲（cān）*Hemiculter leucisculus*（Basilewsky，1855）

地方名：黄瓜鱼、白条

同种异名：*Hemiculter serracanthus*；*Kendallia goldsboroughi*；*Hemiculter clupeoides*；*Hemiculter varpachovskii*；*Culter leucisculus*；*Cultriculus kneri*

形态特征：背鳍 iii-7；臀鳍 iii-10~12；胸鳍 i-13~14；腹鳍 i-7~8；尾鳍 v~vii-17-v~vii。侧线鳞 $46\frac{9}{2}54+3$；鳃耙外行 4~6+15~20，内行 8~9+19~24。下咽齿 3行；2，4，5-5，4，2。

体长 114 mm

体长形，很侧扁。背缘近似直线形，腹缘弧状，自胸部到肛门皮棱发达。头亦侧扁。吻短，不突出。眼中大，侧位。唇仅口角发达。口前位，斜裂；两颌前端相等。鳞中等大，易脱落；模鳞圆形，前端较直。侧线完全，在胸鳍后急陡下降呈一折角，沿腹侧行至臀鳍基部又弯曲折上，然后沿着尾柄中线直达尾鳍基。

背鳍位体正中点稍后。臀鳍位于背鳍后方，下缘斜凹。胸鳍尖刀状，侧下位，不达腹鳍。腹鳍始于背鳍稍前方；亦尖刀状，不达肛门。尾鳍深叉状，下叉较长。

体背青灰色，体侧及腹面白色，二者之间自眼上缘到尾鳍基中央界线显明。背鳍与尾鳍灰黄色，尾鳍后缘灰黑色，其他鳍淡黄色。

生态习性：为我国东部江河平原区典型淡水上层小型鱼类，在河流、湖泊、池塘、水库等各种水域都能生活、繁殖。多栖于水草多的宽水面内，苇地附近水面内较少。游动迅速，常群游于水面。产卵期为7—8月，卵产于流水内。雄鱼头部出现白色追星。卵黄色，卵径为0.9 mm 左右，浮性。为杂食性鱼类，主要食物为水生高等植物的碎片以及丝状藻、硅藻等，也吃水生昆虫及其幼虫和枝角类。

资源现状：流域内均有分布，是极常见的鱼类，产量尚多，为优势种。

经济意义：为小型经济鱼类，可食用，有一定的经济价值。

鲢属 *Hypophthalmichthys* Bleeker，1860

22. 鲢 （lián） *Hypophthalmichthys molitrix*（Valenciennes，1844）

地方名：白鲢、鲢子

同种异名：*Cephalus mantschuricus*；*Leuciscus molitrix*；*Leuciscus hypophthalmus*

体长 386 mm

形态特征：背鳍 iii - 7；臀鳍 iii-12~14；胸鳍 i -17~18；腹鳍 i -7；尾鳍 v ~ vii-17-v ~ vii。侧线鳞 $110\frac{28\sim33}{16\sim18}124+6$。鳃耙 106~107；下咽齿 1 行，4 个；匙状。

侧面观呈长椭圆形，很侧扁，腹面自喉部到肛门有发达的腹棱。头稍大。吻宽钝。眼稍小，位于头侧中轴之下。口前位，宽马蹄形，口裂大而斜，稍向上翘，下颌亦向上翘；两颌前端相等。口缘无小须。鳞很小；模鳞圆形。侧线侧中位，前端较高，在腹部弯曲，延至尾柄正中。

背鳍始于体正中点略后方，略伸达臀鳍。臀鳍中等，位于背鳍基后方，下缘斜凹。胸鳍侧下位，尖刀状，长能达到或超过腹鳍。腹鳍始于背鳍前方，不达肛门。尾鳍深叉状，下叉较长。

体银白色，偶鳍灰白色，背鳍、尾鳍、臀鳍略灰暗。

生态习性：为我国东部平原特产上层大型鱼。性情活泼、善于跳跃。春季逆流上溯产卵，冬季深水处越冬。产卵期 5—6 月，水温 25℃ 左右时流水产浮性卵。卵透明，卵径约 1.2 mm。成熟雄鱼胸鳍有角质追星。但在淀内性腺不成熟，因而不能繁殖。主要食物为浮游植物中的硅藻、金藻以及部分黄藻、甲藻、蓝绿藻和丝状藻；也吃柳叶苲、黑藻等水草碎片。

资源现状：白洋淀的鲢是自 1956 年从长江移来淀区养殖的，现主要来源于增殖放流，已遍布淀内，但在河流中不曾发现，为常见种。

经济意义："四大家鱼"之一，肉质细嫩鲜美，为我国江河平原特产食用鱼，是增殖放流用于控制水体浮游植物生物量的主要鱼种。不仅有很高的经济价值，而且有净化水质的生态价值。

鲂属 *Megalobrama* Dybowsky，1872

23. 团头鲂（tuán tóu fáng）*Megalobrama amblycephala* Yih，1955

地方名：团头鳊、武昌鱼

同种异名：—

形态特征：背鳍 iii - 7；臀鳍 iii-25~30；胸鳍 i -17~19；腹鳍 i -8；尾鳍 v ~ vii-17- v ~ vii。侧线鳞 50~56；鳃耙 12~16。下咽齿 3 行；2，4，5 - 4，4，2；尖端钩状。

体长 295 mm

体侧扁而高，呈长菱形。背部较厚，自头后至背鳍起点呈圆弧形，腹部在腹鳍起点至肛门具腹棱，尾柄宽短。头小而短，侧扁。吻短。眼中大，眼后头长大于眼后缘至吻端的距离。口前位，口裂较宽，呈弧形，上、下颌等长，具角质边缘，但不如三角鲂明显。鳞中等大，背、腹部鳞较体侧为小。侧线完全，位于体侧中部下方，前部略呈弧形，后部平直，伸达尾鳍基。

背鳍位于身体最高处，腹鳍基的后上方，外缘上角略钝。臀鳍延长，外缘稍凹，起点在背鳍基部之后。胸鳍末端略钝，接近腹鳍基。腹鳍短于胸鳍，末端圆钝，不达肛门。尾鳍深叉形，上、下叶约等长，末端稍钝。

体呈青灰色，体背部带有黄色，各鳍呈灰色。体侧鳞片基部浅色，边缘灰黑色，在体侧形成数行深浅相交的纵纹。

生态习性：为我国东部江河平原区特有的中下层食用鱼类，性情温顺。平时栖息于底质为淤泥、水草茂盛的湖泊静水水体中。幼鱼的食物是以甲壳动物为主，也食水生植物嫩叶，成鱼食性发生改变，以水生植物为主。生殖季节在 5—6 月，产卵对水流要求不甚严格。产卵场在有水生植物的浅水区，产卵活动多在夜间进行。卵黏性，浅黄色，微带绿色，卵径 1.0~1.3 mm，黏附于植物体上发育。性成熟的团头鲂雌雄两性均有追星出现。

资源现状：在河北为引苗人工养殖种类，仅在淀内有发现，天然产量低，为偶见种。

经济意义：肉质细嫩，味鲜美，是重要经济食用鱼类之一。

24. 三角鲂（sān jiǎo fáng）*Megalobrama terminalis*（Richardson，1846）

地方名：三角鳊

同种异名：*Parabramis bramula*；*Abramis terminalis*；*Megalobrama hoffmanni*

体长 257 mm

形态特征：背鳍 iii - 7；臀鳍 iii - 27~28；胸鳍 i - 15~16；腹鳍 i-8；尾鳍 v~vii-17-v~vii。侧线鳞 $51\frac{13}{8~9}55+2$；鳃耙外行 5+12~14，内行 3~6+14~18。下咽齿 3 行；2，4，5-4，4，2；尖端钩状。

体侧扁而高，长菱形。头后背部隆起显著，背鳍始点处体最高。自腹鳍基到肛门腹棱发达；尾柄长大于尾柄高。头短小，亦侧扁，吻钝锥状。眼侧中位。口前位，半圆形，口裂狭窄，上、下颌等长，具发达角质缘。下唇中断。除头部外全体有鳞；模鳞近圆形，高微大于长。侧线侧中位，中部稍低。

背鳍短高，约始于体正中点稍前方。臀鳍长，始于背鳍基部末端正下方。胸鳍位很低，尖刀状，伸达腹鳍基。腹鳍位于背鳍起点之前下方，伸达肛门前后。尾鳍深叉状，下尾叉较长。

头背部及体背部呈灰黑色，两侧向下色渐浅。腹部银白色，每个鳞片后缘色较深，各鳍呈灰色。

生态习性：为我国东部江河平原区特有的中下层食用鱼类。栖息于底质为淤泥，生有沉水植物和淡水壳菜的敞开水域。幼鱼主要摄食枝角类、水生软体动物、昆虫幼虫等动物性食物，成鱼主要以水生植物为主，如苦草、藻类、淡水壳菜和高等植物种子等。其次是软体动物，个别也捕食小鱼。生殖季节为 5—7 月。雌雄性成熟个体均出现追星。雄性成鱼头背面、眼眶、胸鳍背面及尾鳍上、下缘密布白色粒状追星，第 1 胸鳍条肥厚并略呈 S 形。雌鱼的胸鳍条上不出现追星。卵黏性，淡黄色，卵径 1.2~1.4 mm，黏附于植物体或砾石上发育，但黏性不强，易脱落。产卵场水深 1m 左右，要求有生长茂盛的水生维管束植物的流水水域。

资源现状：近年来在自然水体中，由于人工捕捞过度，已不能形成产量，为稀见种，必须注意自然资源的保护。

　　经济意义：肉味鲜美，为我国人民最喜食的淡水鱼类之一，是重要的经济鱼类。

青鱼属 *Mylopharyngodon* Peters，1881

25. 青鱼 （qīng yú）*Mylopharyngodon piceus*（Richardson，1846）

地方名：黑鲩、青鲩

同种异名：*Myloleucus aethiops*；*Mylopharyngodon aethiops*；*Myloleuciscus aetriops*；*Leuciscus piceus*；*Myloleuciscus atripinnis*；*Leuciscus aethiops*

　　形态特征：背鳍 iii - 7；臀鳍 iii - 7~9；胸鳍 i - 16 ~ 18；腹鳍 i - 8；尾鳍 vii ~ x + 17 + vi ~ viii。侧线鳞 $39{\sim}42\dfrac{7}{5}2$；鳃耙外行 4+10，内行 6+7；下咽齿臼齿状 1 行，4~5 个。

体长 317 mm

　　体长形；背鳍始点前方体最高，向前渐宽，向后渐尖且较侧扁。腹部圆而无棱。头中等大，后端略侧扁，前半部稍平扁。吻短，钝圆，无小须。眼较大，侧上位。口前位，呈弧形，上颌稍长于下颌。唇发达，唇后沟中断。除头部外，体全蒙鳞；模鳞较大，圆形。侧线完全，侧中位，在腹鳍上方一段微弯曲，向后延伸至尾柄正中。

　　背鳍始于体正中略后方，稍前于腹鳍。臀鳍约始于背鳍后端下方，不达尾鳍基。胸鳍侧下位，尖刀状，略不达腹鳍始点。腹鳍始于背鳍始点略后方，亦刀状，不达肛门。尾鳍深叉状。

　　小鱼背侧灰褐色，腹侧白色，鳍淡黄色或白色。以后随体渐大体亦渐成黑色，各鳍均呈黑色，腹侧色较淡。

　　生态习性：为我国东部大型江河下游及湖塘特产鱼类之一，稍大即常生活于水的中下层。幼鱼主要食浮游动物，成鱼主要以螺、蚌等软体动物为食，也食糠虾、水生昆虫幼虫。产卵季节一般为6—7月。雄鱼性成熟年龄较早，且在生殖期吻部及胸鳍背面有角质追星。卵浅灰色，浮性，受精卵能吸水膨胀，在顺水漂流过程中发育。但在淀内缺乏性腺成熟的条件，因此不能繁殖。

　　资源现状：淀内本无青鱼，1956 年才开始从长江移来养殖。近年来淀内数量减少，河

流内未发现，为少见种。

经济意义："四大家鱼"之一，肉味鲜美，被视为上等食用鱼类，是重要经济食用鱼类。

马口鱼属 *Opsariichthys* Bleeker，1863

26. 马口鱼 （mǎ kǒu yú） *Opsariichthys bidens* Günther，1873

地方名：桃花鱼、马口

同种异名：*Opsariichthys hainanensis*；*Opsariichthys chekianensis*；*Opsariichthys morrisonii*；*Opsariichthys uncirostris amurensis*；*Opsariichthys uncirostris bidens*；*Opsariichthys uncirostris*

体长 161 mm

形态特征：背鳍 iii‑7；臀鳍 iii‑8~10；胸鳍 i‑4；腹鳍 i‑7~8；尾鳍 vi~ix‑17‑ix。侧线鳞 $42\sim44\frac{9}{4}2$；鳃耙外行 3+7~8，内行 3+9~10。下咽齿 4~5，3~4，1~2；长柱状，尖端钩状。

体长纺锤形，中等侧扁，腹侧宽圆，尾部较尖且侧扁。头较长，大于体高，钝尖，亦侧扁。吻钝，较上颌略短，吻长大于吻宽。眼位于头前半部侧上方。唇不发达。口前位，大而倾斜，达眼前半部下方。上、下颌有凸突及凹刻相互嵌入。除头部及鳃峡附近外，全身有鳞；模鳞圆形，中等，前端较横直。侧线完全，从鳃盖后方弯曲，中部向下呈浅弧状，折向尾柄正中。

背鳍起点在吻端至尾鳍基中点；背缘：雌鱼的斜直、雄鱼的圆凸，雌鱼的第1、雄鱼的第2~3分枝鳍条最长；雌鱼的不达、雄鱼的伸过臀鳍始点上方。臀鳍始于背鳍基后下方，其前端鳍条延长，雄鱼的尤甚，可达尾鳍基。胸鳍侧下位，尖刀状，不达背鳍下方。腹鳍圆刀状，起点与背鳍相对，雌鱼的不达、雄鱼的略达肛门。尾鳍深叉状。

背侧浅蓝灰色，体略呈黄褐色，向下渐为银白色，鳍橙黄色。体侧上方有纵纹。

生态习性：为山溪及河湖中的较小型凶猛鱼类，尤喜生活于清水水流较急的地区，伺机突袭其他小鱼和较大型水生无脊椎动物，小鱼以浮游动物为食。常与鱲成群在一起生活。性成熟早，繁殖力强，生长也快。生殖季节为4—6月，在河道内产浮性卵，卵径3.5~4.7 mm。雄鱼生殖期喉部、口唇橙黄色。臀鳍的1~4分枝鳍条明显延长，可达尾鳍基部，其上呈现紫蓝色。体侧有桃红色光泽及约12条黑色横纹，并在头侧、臀鳍两侧及尾部侧下方散有白色突起状追星。

资源现状：在白洋淀内极为稀少，入淀河流内较为常见，可能是由入淀河流内进入的，为常见种。

经济意义：普通食用杂鱼，为小型经济鱼类。

似鳊属 *Pseudobrama* Bleeker，1870

27. 似鳊（shì biān）*Pseudobrama simoni*（Bleeker，1864）

地方名：齐头、短脖、逆鱼、刺鳊

同种异名：*Culticula emmelas*；*Acanthobrama simoni*

形态特征：背鳍 iii - 7；臀鳍 iii - 9~12；胸鳍 i - 14~15；腹鳍 i - 8；尾鳍 v ~ viii + 17 + v ~ viii。侧线鳞 $41 \sim 46 \frac{8 \sim 9}{6} 2$；鳃耙外行约 23+100，内行约 30+130；下咽齿 1 行，5~6 个。

体长纺锤形，很侧扁，腹部较圆，以背鳍始点处体最高，腹侧腹鳍基到肛门有一发达的皮棱。头较

体长 116 mm

短。吻微突出。眼侧中位而近吻端。口稍下位，横浅弧形，唇较薄。角质边缘不发达。鳞中等大，除头部圆形，前端较横直。腹鳍基部有一狭长的腋鳞。侧线侧中位，前段稍弯曲，最后延至尾柄正中。

背鳍位于体正中央的稍前方；约伸达肛门。臀鳍似背鳍而较小，始于肛门后缘。胸鳍侧下位，尖刀状，不达腹鳍。腹鳍始于背鳍始点略前方，远不达肛门。尾鳍深叉状，下尾叉略长。

体呈银灰色，背侧略呈灰黑色，两侧及下方银白色。各鳍淡黄色，背鳍与尾鳍略灰褐色。

生态习性：为我国江河平原区特有的较小型中下层淡水鱼，常栖息于水草多的浅水处。7—8 月间涨水期在流水里产卵。卵黄色，浮性，卵径约 0.72 mm。雄性成鱼在生殖期头部有粗糙的追星。属于植食性鱼类，食物为硅藻、绿藻、轮虫、高等水生维管束植物碎片，也吃些枝角类、桡足类等。

资源现状：数量极少，仅 2021 年在鲥鯸淀地笼中捕获 1 尾，为稀见种。

经济意义：小型杂鱼，可食用，经济价值不大。

飘鱼属 *Pseudolaubuca* Bleeker，1864

28. 寡鳞飘鱼（guǎ lín piāo yú）*Pseudolaubuca engraulis*（Nichols，1925）

地方名：白鱼

同种异名：*Pseudolaubuca shawi*；*Pseudolaubuca setchuanensis*；*Hemiculterella engraulis*；*Parapelecus oligolepis*；*Hemiculterella kaifenensis*；*Parapelecus engraulis*

体长 62 mm

形态特征：背鳍 iii - 7；臀鳍 iii-15~17；胸鳍 i - 12~14；腹鳍 i -7；尾鳍 vi~viii-17-vi~viii。侧线鳞 $43 \frac{9\sim10}{2\sim3} 45+2$。鳃耙外行 3+11~13，内行 4~5+10~11。下咽齿 2，4，4 - 4，4，2；细长，尖端钩状。

体长而侧扁；腹棱完全，从胸鳍基直达肛门。头侧扁，中等长。吻尖，稍长。眼中等大，侧中位。口前位，稍大，两颌约相等，下颌中央有一突起与上颌的凹陷相吻合。唇薄。无须。鳞片大，易脱落。侧线完全，侧中位，在胸鳍上方缓慢向下弯曲，中部低，至臀鳍基再折向上方，直入尾柄中央。

背鳍起点位于眼后缘到尾鳍基的中央处，上缘略凹。臀鳍低而鳍基稍长，位于最后背鳍条基的稍后方，下缘斜凹。胸鳍侧下位，尖刀状，不达腹鳍。腹鳍位于体的正中部，鳍基完全位于背鳍前方，远不达肛门。尾鳍深叉状，下叶稍长于上叶。

体银白色，背侧较灰暗，背和尾鳍浅灰色，胸鳍、腹鳍和臀鳍有时略带橘红色或灰白色。

生态习性：为小型上层鱼类，喜在江河、湖泊等大水面缓流或静水开敞水域活动。成鱼主要捕食鱼、虾等，幼鱼以枝角类、桡足类、水生昆虫等为食。春季繁殖，产黏性卵。

资源现状：数量极少，近年来在流域内共捕获 7 尾，为稀见种。

经济意义：小型杂鱼，可食用，经济价值不大。

麦穗鱼属 *Pseudorasbora* Bleeker，1860

29. 麦穗鱼（mài suì yú）*Pseudorasbora parva*（Temminck & Schlegel，1846）

地方名：麦穗儿、罗汉鱼、砂鱼

同种异名：*Pseudorasbora altipinna*；*Leuciscus parvus*；*Pseudorasbora depressirostris*

形态特征：背鳍 iii - 7；臀鳍 iii - 6；胸鳍 i - 12 ~ 14；腹鳍 i - 7 ~ 8；尾鳍 V ~ viii - 17 - V ~ viii。侧线鳞 $35 \sim 38 \frac{5 \sim 6}{4}$；鳃耙外行 6 + 12 ~ 13，内行约 8 + 10；下咽齿 1 行，5 个。

体长 79 mm

体长圆柱状，稍侧扁，背鳍始点处体最高。头小，侧面近尖三角形，后半部略侧扁。头后缘及眼上下各有 1 行小孔。吻宽钝，略平扁。眼侧中位，后缘距头前、后端约相等。口小，上位。下颌较横直宽圆，略向上突起，较上颌略长。口角无须。唇薄，唇后沟中断。圆鳞大，向后有辐射状纹且常有色素粒。侧线完全，侧中位，前端稍高。

背鳍起点在吻端至尾鳍基部的中央。臀鳍短，其起点距腹鳍基部比距尾鳍基部为近。胸鳍侧位而低，不达腹鳍。腹鳍约始于背鳍始点下方，远不达肛门。尾鳍深叉状。

颜色因生活地点不同而有所差异。一般为银灰色，腹侧白色。自吻端通过眼中部沿体侧中轴直达尾鳍基部纵贯一黑色条纹。体鳞后缘均有一半月形的黑色斑纹。在水多污泥且水草多处生活的，体色较暗，呈灰黑色，鳍亦呈灰黑色；底质多沙和水草少处鱼体色常较淡。

生态习性：为小型淡水鱼类。性情温和。多生活在岸边及淀内水草多的浅水带，芦苇附近的水面亦较多。主要食物为枝角类、桡足类、水生昆虫、藻类，也吃些水草和高等植物碎片。在生殖季节，雌鱼产卵管稍延长，雄鱼体色变为暗黑色，头部有粗糙的追星出现。产卵期在 4—5 月，有时 6—7 月亦有产卵的，但为数甚少。卵长圆形，浓黄色，卵径 1.0 mm，为沉性黏着卵，于沿岸浅水地带产卵，黏附于水底附着物（植物体、岩石、蚌壳等物体）上发育。产出的卵多数整齐排列于附着物表面。雄鱼常有护卵习性。在水温 20 ~ 25℃时，约经 3 天胚胎即可孵出。

资源现状：流域内均有分布，极为常见，为优势种。

经济意义：小型杂鱼，可食用，亦可作饲料鱼，有一定的经济价值。

鱊鲏属 *Rhodeus* Agassiz，1832

30. 高体鳑鲏 （gāo tǐ páng pí）*Rhodeus ocellatus*（Kner，1867）

地方名：屎包、火镰片儿、火烙片儿

同种异名：*Rhodeus pingi*；*Pseudoperilampus ocellatus*；*Rhodeus wangkinfui*；*Rhodeus kurumeus*；*Rhodeus sericues sinensis*

体长 54 mm

形态特征：背鳍 iii - 10 ~ 12；臀鳍 iii -10~12；胸鳍 i -11；腹鳍 i - 7；尾鳍 viii - 17 - viii，纵行鳞 32 ~ 34+2。鳃耙外行 2+12。下咽齿 1 行，5 个，无锯齿。

体侧面观呈长椭圆形至卵圆形，侧扁而高，背缘在后头部有一显明凹刻。头小，亦侧扁，后端高度显著大于头长，后头部到背鳍始点斜形，头前半部近似锥状。吻钝锥状，不突出。眼侧中位。口前位，无须，后端不达眼下方。雌鱼肛门后有产卵管突出。体有大型圆鳞，体侧上部每枚鳞片后缘有小黑点。侧线鳞不完全，仅鳃孔背端后方 5 个鳞有侧线管。

背鳍始于体正中点前方。臀鳍始于第 2~3 分枝鳍条基下方，形似背鳍而略短小。胸鳍侧位，很低，小刀状，略不达腹鳍。腹鳍始于背鳍稍前方，雄鱼略达臀鳍而雌鱼略不达。尾鳍深叉状。

体背呈暗蓝色，腹侧白色。鳃盖后方第 1 侧线鳞上方及第 4~5 侧线鳞上方各有一个不太明显的黑绿色斑。自尾鳍基稍前方约到肛门上方的体侧中部有一黑绿色细纵带状纹。鳍黄色，尾鳍微黑，背鳍、臀鳍有数行不很清晰的灰褐色斑。

生态习性：为东亚淡水小型鱼类。喜集群生活，栖息于水体平缓、水草茂盛的水域底层。属杂食性鱼类，食性以藻类为主，也食浮游甲壳动物。生殖期在 5—6 月，雌鱼依其长的产卵管将卵排入蚌的瓣鳃中。成熟卵子长圆形，一端大而略有尖突，一端稍细而钝。受精卵表面长满长 1 mm 左右的卵膜丝。生殖期有明显的"婚装"出现。雄鱼在吻端及眼眶前上缘有白色追星，眼上部为橙红色。背鳍前部也呈橙红色。臀鳍边缘呈浅红色并镶有黑边。体侧闪有淡蓝色光泽。雌鱼腹部为黄色，臀鳍为淡黄色，产卵管前端

为浅红色。

资源现状：流域内均有分布，数量较多，常在地笼网中见到，为常见种。

经济意义：色彩艳丽，可食用，亦可作观赏鱼，有一定的观赏价值和经济价值。

31. 中华鳑鲏（zhōng huá páng pí）*Rhodeus sinensis* Günther，1868

地方名：罗垫、屎包

同种异名：*Rhodeus lighti*；*Pseudoperilampus lighti*

形态特征：背鳍 ii～iii-9～11；臀鳍 ii～iii-9～11；胸鳍 i-10～12；腹鳍 i-6～7；尾鳍 vi～vii-17-vi～vii。纵行 30～31+2；鳃耙外行 2～5+8～9，内行 6～8+11～14；下咽齿 1 行，5 个。

体长 47 mm

体侧面观呈长卵圆形，很侧扁，背鳍始点处体最高，背缘在后头部有一浅凹。头亦侧扁。吻短钝。眼侧中位。口小，端位，圆弧状，下颌稍短于上颌，无须。鳞稍大；模鳞横卵圆形，前端较横直，向后有辐状纹。侧线已大部分消失，仅前端有 3～6 个鳞有侧线管。

背鳍起点位于身体中点之后；雌鱼背缘斜直，雄性成鱼微圆凸。臀鳍始于第 4～5 分枝背鳍条基的下方，似背鳍而鳍基略较短。胸鳍始于背鳍始点略前方，约伸达臀鳍始点。腹鳍起点在背鳍起点略前或相对，后伸通常达到臀鳍起点。尾鳍深叉状。

体呈银灰色，有青色光泽，腹部变浅略带粉红色，鳞片基部大多均有一暗色斑纹，喉部呈红色。自最后第 3 个纵列鳞开始沿尾柄中线有一条黑色的纵纹，纹前端很细，向前伸达背鳍起点正下方。鳃盖后方第一侧线鳞处有一个明显的黑斑，第 4、5 侧线鳞上具不明显的黑斑。各鳍淡黄色，背鳍与尾鳍较灰暗；雌鱼背鳍前缘有一黑斑。

生态习性：为我国东部平原区淡水中下层小型鱼类。喜成群，多栖息在淀边及淀内水草多的浅水处，或是河流的浅湾处。个体小，最大个体体长不超过 50 mm。主要食物为硅藻、丝状藻及高等植物碎片，间或吃些枝角类、桡足类。

产卵期比鲫还早一点，约始于 3 月中旬，可延续至 6 月。卵产于蚌的外套腔内。卵呈橘黄色，椭圆形，长径约 1 mm，卵彼此分离。孵出的仔鱼借卵黄囊的角状突起栖居于蚌的鳃瓣间，直至卵黄囊消失，发育成幼鱼才离开蚌体。生殖季节雄鱼的吻端左右两侧各有一丛白色追星，眼眶上缘也有追星，眼球上半部红色，臀鳍浅红色，镶有一条较狭的黑

边。背鳍具两列白色斑点，前上缘红色，后缘黑色。腹鳍前缘白色。尾鳍中部具红色纵纹。雌鱼具长的产卵管。

资源现状：流域内均有分布，数量较多，常在地笼网中见到，为常见种。

经济意义：我国原生观赏鱼类，体型优美、色彩艳丽，深受广大观赏鱼养殖爱好者的喜爱，有一定的观赏价值和经济价值。

大吻鳄属 *Rhynchocypris* **Günther，1889**

32. 拉氏大吻鳄（lā shì dà wěn guì）*Rhynchocypris lagowskii*（Dybowski，1869）

地方名：柳根、奶包子

同种异名：*Phoxinus lagowskii*；*Phoxinus lagowskii lagowskii*；*Rhynchocypris czekanowskii*

体长 72 mm

形态特征：背鳍 iii - 7；臀鳍 iii - 6～7；胸鳍 i - 10～17；腹鳍 ii - 6～7。侧线鳞 71-110。鳃耙 8-9。下咽齿 2 行。

体长略呈圆筒形，后部侧扁，腹部圆，尾柄长而低。头长，近锥形。吻尖。眼较大，侧上位。口亚下位，呈弧形，上颌长于下颌，唇后沟中断。鳞细小，排列紧密，胸、腹部具鳞。侧线完全，在腹鳍之前弯曲，后部平直，延伸至尾柄中。

背鳍较短小，起点在眼前缘与尾鳍间距的中点。臀鳍起点位于背鳍基底后下方，鳍后缘平切。胸鳍椭圆形，末端伸达胸腹鳍间距中点。腹鳍起点距吻端与距尾鳍基相等，末端伸达肛门。尾鳍浅叉形，微凹，上、下叶约等长。

体背侧灰褐色，至腹侧则渐淡而呈白色。体侧有许多不规则的黑色小斑点，背部正中自头后至尾鳍基有一窄的淡色纵带纹，体侧自鳃孔上角至尾鳍基有 1 条黑褐色纵带。尾鳍基有一黑色斑点。背鳍、尾鳍和胸鳍浅黄灰色，腹鳍和臀鳍无色。

生态习性：为山溪及其他清水激流中的小型鱼类，喜居于水温偏低的溪流中。杂食性。食物中包括绿藻、浮游动物的枝角类、水生昆虫及其幼虫。生殖季节 5—7 月。繁殖期雄鱼胸鳍、腹鳍延长，头、吻部有追星，生殖突起变得明显。雌鱼吻端增厚向前突出。产卵场在 30～50cm 水深砾石底质处。受精卵径 1.4～1.7 mm，黏性，黏附于砾石上发育。

资源现状：近年来不曾发现，仅有 1 尾 2014 年 9 月的液浸标本。在淀内极为稀见，可能是从其他河流偶然进入的，为稀见种。

经济意义：小型杂鱼，可食用，无大经济价值。

33. 尖头大吻鱥 (jiān tóu dà wěn guì) *Rhynchocypris oxycephalus* (Sauvage & Dabry, 1874)

地方名：柳根、奶包子

同种异名：*Leuciscus brandti*；*Phoxinus oxycephalus*；*Pseudophoxius oxycephalus*；*Phoxinus lagowskii variegatus*；*Phoxinus variegatus*；*Rhynchocypris variegatta*

形态特征：背鳍 iii-7；臀鳍 iii-7；胸鳍 i-14；腹鳍 i-7；尾鳍 viii~ix-17-viii~ix。鳃耙外行 2~3+4~6，内行 2~3+8~9；侧线鳞 70~84+3。下咽齿 2 行；2，4-5，2。

体长 55 mm

体长形，稍侧扁，腹部圆，向前、向后渐尖，尾柄较高。头近锥形，亦侧扁。吻平扁，微突出。眼中大，位于头侧上方。口亚下位，斜半卵圆形，口角达眼前缘下方。唇窄薄，光滑；下唇后沟位于两侧。体被细小圆鳞，头部无鳞。侧线完全，侧中位，前端较高，到头部有项背枝及眼上、下枝。

背缘斜，微圆凸，约达臀鳍基后端。臀鳍似背鳍，约达尾柄前 1/3 处。胸鳍侧下位，约达胸鳍、腹鳍基间距的正中。腹鳍基全位于背鳍始点前方，略达或不达肛门。尾鳍浅分叉，上叶、下叶端稍圆，约等长。

头体背侧黄绿灰色，向下渐淡呈白色或淡黄色，背部正中自头后至尾鳍基有一狭的黑带，体侧无暗色纵带；有些个体背面及两侧有不规则黑褐色小杂点。各鳍淡黄色，背鳍与尾鳍稍灰或微绿。

生态习性：为山溪及其他清水激流中的小型鱼类，喜水温较低、含氧较多的水体。定居性鱼类，不做长距离洄游。杂食性，主要食物为昆虫及其幼虫，甲壳类动物，寡毛类，着生藻类，植物根、茎、叶片、种子等。产卵季节雄鱼头部有追星、肛门乳突明显。产卵期为 5—6 月。受精卵径 1.7~2.0 mm。卵黏性，黏附于砾石或植物体上发育。

资源现状：数量极少，仅 2022 年秋季在孝义河发现 1 尾，为稀见种。

经济意义：小型杂鱼，可食用，无大经济价值。

鳈属 *Sarcocheilichthys* Bleeker，1860

34. 黑鳍鳈（hēi qí quán）*Sarcocheilichthys nigripinnis*（Günther，1873）

地方名：花花媳妇、花腰

同种异名：*Chilogobio nigripinnis*；*Sarcocheilichthys sciistius*；*Gobio nigripinnis*

体长 84 mm

形态特征：背鳍 iii - 7；臀鳍 iii-6；胸鳍 i-14~15；腹鳍 i-7；尾鳍 ix-17-ix。侧线鳞 $36 \sim 38 \frac{6}{5} 3$；鳃耙外行 2+4，内行 3+6；下咽齿 5，1。

体延长，侧扁，背鳍前方附近体最高。头侧面呈三角形。吻钝圆，微突出。眼较小，侧上位。口小，下位，呈马蹄形，后端达鼻孔下方。唇薄，下唇发达，后沟中断，尖端较窄。下颌略短；前缘角质化不明显。须退化，仅留痕迹。鳞片较大，头部无鳞，其他部分全蒙圆鳞。侧线平直，侧中位。

背鳍起点距吻端比距尾鳍基为近。臀鳍位于背鳍远后方。胸鳍侧位，很低，尖刀状，约达背鳍始点下方。腹鳍始于第 2~3 分枝背鳍条下方；圆刀状。尾鳍深叉状。

体色随生活环境或个体发育阶段不同变化较大，通常体呈黄褐色，两侧有许多不规则云状黑斑，腹侧色较淡。鳃盖后缘及峡部呈橘黄色，鳃孔后缘和胸鳍基上方有一显明直立黑斑。鳍大部分黑褐色，边缘或基缘黄色。

生态习性：为我国东部淡水下层小型鱼类。常生活于清澈流水、底多沙石处。有跃水的习性，特别是在雨后或清晨。以底栖无脊椎动物为食，如昆虫幼虫等，也食藻类及植物碎屑等。产卵期在 4—5 月，成熟卵径 2 mm 左右，可能产于贝壳内或石缝间。生殖季节，性成熟雄鱼头吻两侧生出许多白色的追星，体色更鲜艳，喉胸部、胸鳍基部、鳃孔后附近橙红色，尾鳍带黄色，体侧的黑斑也特别显著。雌鱼生殖期有产卵管突出，体外可见。

资源现状：数量稀少，仅在地笼网中偶有发现，为稀见种。

经济意义：小型杂鱼，可食用，经济价值不大。

蛇鮈属 *Saurogobio* Bleeker，1870

35. 蛇鮈 （shé jū） *Saurogobio dabryi* subsp. *dabryi* Bleeker，1871

地方名：船钉鱼、白杨鱼

同种异名： *Saurogobio productus*；*Saurogobio dabryi*；*Saurogobio drakei*；*Saurogobio longirostris*

形态特征：背鳍 iii-8；臀鳍 iii-6；胸鳍 i-14~16；尾鳍 vii~ix+17+vii~ix。侧线鳞 $44\sim46\frac{6}{3\sim4}2$；鳃耙内行 3+9；下咽齿 1 行，5 个。

体细长，略呈圆筒状；背鳍前方附近体最高，此处微侧扁；背缘微圆凸，腹缘较平直，尾柄细长。头钝锥状，自后头部向前渐略平

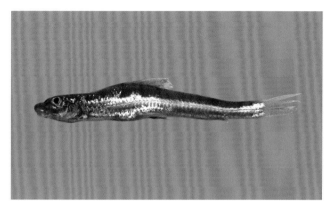

体长 92 mm

扁。吻略突出。口下位，略呈马蹄形，后端达鼻孔下方。前上颌骨只达上颌骨中部。上、下唇沟相通，上唇沟较深。唇肥厚，有许多粒状突起；下唇后缘游离，在下颌中央后方尤肥厚。口角有一对短须。鳞圆形，前端较横直；头部与喉胸部无鳞。侧线完全，直线形，侧中位。

背鳍起点至吻端的距离较至尾鳍基为近。臀鳍短，似背鳍，起点至腹鳍基的距离远于至尾鳍基的距离。胸鳍侧下位，达背鳍下方而不达腹鳍。腹鳍始于第 6~7 分枝背鳍基下方，远过肛门而不达腹鳍。尾鳍深叉状。

体背部及体侧上半部为黄绿色，腹部银白色。沿侧线上方有 1 条浅黑色纵纹，纹内有 10~14 个小黑斑。背鳍淡黄色而微红；尾鳍灰黄色；偶鳍及鳃盖边缘黄色；臀鳍白色。须乳白色。

生态习性：为淡水底层小型鱼类，喜栖居在水草多的浅水底。产卵水温为 12~20℃，4—5 月于流水处分批产卵。卵乳白色，浮性，在漂流中孵化。受精卵直径 2.3~2.9 mm。以底栖无脊椎动物为食，也食藻类、植物碎片及腐植碎屑。

资源现状：流域内数量极少，仅 2021 年春季在府河发现 1 尾，为稀见种。

经济意义：味较美，为小型食用鱼类，有一定经济价值。

银鮈属 *Squalidus* Dybowski，1872

36. 银鮈 （yín jū）*Squalidus argentatus*（Sauvage & Dabry，1874）

地方名：亮壳、亮幌子

同种异名：*Gobio hsui*；*Gnathopogon argentatus*；*Gobio argentatus*

体长 64 mm

形态特征：背鳍 iii-7；臀鳍 iii-6；胸鳍 i-15~16；腹鳍 i-7；尾鳍 viii~ix+17+viii~ix。侧线鳞 $35~37\frac{5}{3~4}2$；鳃耙外行 4+7，内行 6+9。下咽齿 5，3。

体稍细长，背鳍始点处体最高，中等侧扁。头略侧扁，前端钝尖。吻不突出。眼位于头侧上半部，距吻端较近。口前位，斜半圆形，后端达鼻孔下方。下颌稍短。唇薄，光滑。上颌须位于口角，约达眼后缘。除头部外全身蒙鳞，喉胸部也蒙鳞；鳞半圆形，前端横直，向后有辐状纹。侧线侧中位，前端略高。

背鳍前距略大于后距；上缘很斜且略凹。臀鳍窄短，始于腹鳍始点到尾鳍基的正中间。胸鳍侧下位，尖刀状；第2鳍条最长，不伸过背鳍始点。腹鳍始于第1~2分枝背鳍条基下方，约达肛门。尾鳍深叉状。

背侧淡灰色，微绿，下侧银白色。体侧自鳃孔背侧到尾鳍基有一蓝灰色纵纹。有些标本沿背中线及体侧纵纹内有圆形小黑斑。鳍淡黄色或白色；背鳍与尾鳍上、下叉有些微较灰暗。

生态习性：为清水小河中的中下层小型鱼类。喜生活于浅流水砂底水域。夏季产卵。主要以底栖水生昆虫、有机碎屑、藻类和水生植物为食。

资源现状：数量稀少，仅2020年、2021年秋季在淀内和南拒马河各发现1尾，为稀有种。

经济意义：小型食用鱼类，无大经济价值。

37. 点纹银鮈（diǎn wén yín jū）*Squalidus wolterstorffi*（Regan，1908）

地方名：—

同种异名：*Gnathopogon wolterstorffi*；*Gobio wolterstorffi*；*Gnathopogon wolterstorffi huapingensis*

形态特征：背鳍 iii－7；臀鳍 iii－6；胸鳍 i－13~14；腹鳍 i－7；尾鳍 v＋17＋vii。侧线鳞 $36\frac{3}{2}2$；下咽齿 5，3。

体长 70 mm

体长形，呈纺锤形，稍侧扁，腹侧宽圆。头钝尖。吻端钝圆，不突出。眼大，侧上位。口亚下位，口角具须 1 对，较长。唇薄，光滑，唇后沟中断。除头部外，全身蒙圆鳞，喉胸部不裸露。侧线侧中位，完整。

背鳍短，始点距吻端较距尾鳍基稍大。臀鳍始于背鳍条后端的稍后方，似背鳍而较窄短。胸鳍较长，侧位而低，尖刀状，不伸过背鳍始点。腹鳍腹位，始于第 3~4 分枝背鳍条基下方，其基部具腋鳞。尾鳍深叉状。

体背侧浅灰褐色，下方色较淡，沿侧线为银白色纵纹状。背部及背鳍与尾鳍上均有小形黑斑点。体侧中部有一黑纹，纹的后段有一列暗斑。每个侧线鳞各具一三角形黑斑，为侧线管分割，呈"八"字形，多数鳞片有不规则小黑点，至体侧中央及上方形成有 3 条黑色纵点纹。各鳍白色或微黄。

生态习性：为清水河流浅水区的底层小型鱼类，多栖息于江河支流或小溪河的下层。杂食性，以底栖无脊椎动物、藻类、摇蚊幼虫为食。产卵盛期在 6 月。

资源现状：数量稀少，仅 2020 年夏季在瀑河发现 5 尾，为稀见种。

经济意义：小型杂鱼，很少被食用，无经济价值。

似鲚属 *Toxabramis* Günther，1873

38. 似鲚（sì jiǎo）*Toxabramis swinhonis* Günther，1873

地方名：柳叶鱼、柳叶黄瓜鱼、刺鳊

同种异名：*Toxabramis paiyangtieni*

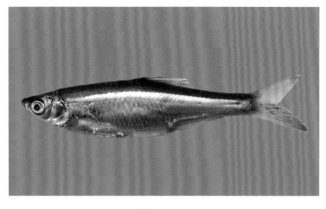

体长 102 mm

形态特征：背鳍 iii - 7；臀鳍 iii - 16~19；胸鳍 i - 13~14；腹鳍 i - 6~7；尾鳍 vii~viii - 17 - vii~viii。侧线鳞 $58\frac{10}{3}60+2$。鳃耙外行 4 + 25，内行 8 + 26；下咽齿 5 - 4，2；侧扁，尖端钩状。

体长形，很侧扁。腹缘自喉部到肛门皮棱发达，背鳍始点处体最高。头短小，亦侧扁。吻钝短。眼侧中位。口前位，口裂斜，达鼻孔下方，两颌相等。鳞稍小，很薄，易脱落；模鳞横卵圆形，前端较直，向后有稀辐状纹。侧线完全，侧中位，在胸鳍后上方急陡下降，中部很低，沿腹侧行至尾柄，向上弯折至尾柄中线。

背鳍约始于体正中点，硬刺发达且后缘锯齿状，鳍背缘很斜。臀鳍起于背鳍最后一根分枝鳍条的下方，下缘斜凹。胸鳍侧下位，刀状，不达腹鳍。腹鳍始于背鳍前方，亦刀状，不达肛门。尾鳍深叉状，下尾叉较长。

背侧黄灰色，两侧银白色，腹侧附近淡黄白色，各鳍淡黄色，背鳍与尾鳍微较灰暗。福尔马林液浸存标本，体侧自鳃孔上端到尾鳍基常呈灰褐色纵带状。

生态习性：为我国江河平原区特产淡水上层小型鱼类。喜群游于缓静水域的表层，游动迅敏。夏初产卵，卵径 0.6~0.7 mm，卵漂流性。以枝角类、浮游藻类及少量的昆虫幼虫等为食。生长缓慢。

资源现状：流域内均有分布，产量小，为常见种。

经济意义：小型杂鱼，可食用，经济价值不大。

鲴属 *Xenocypris* Günther，1868

39. 银鲴 （yín gù） *Xenocypris argentea* Günther，1868

地方名：红鳃、密鲴、白尾

同种异名：*Xenocypris nitidus*；*Leuciscus argenteus*；*Xenocypris sungariensis*；*Xenocypris macrolepis*；*Xenocypris nankinensis*；*Xenocypris katinensis*

形态特征：背鳍 iii - 7；臀鳍 iii - 9~10；胸鳍 i - 15~16；腹鳍 i - 8；尾鳍 v~vii - 17 - vii。侧线鳞 $50~55\frac{10}{7~8}2$；鳃耙外行 8~14 + 22~28，内行 24~26 + 56~74。下咽齿 3 行；2，

4，6 - 6，4，2 或 2，3，6 - 6，3，2。

体长 98 mm

体长梭状，中等侧扁，背鳍始点处体最高，腹侧仅在肛门前方附近略有短皮棱。头小，短锥形，后部稍侧扁。吻钝，微突出。眼侧中位，周缘半透明。后鼻孔中间有皮膜突起。口下位，横浅弧状；上、下颌具发达的角质边缘，下颌前缘软且薄锐。鳞中等大，除头部外全身被鳞，喉部鳞小；在腹鳍基部有 1~2 片长形的腋鳞。侧线侧中位，前部微弯，向后延伸至尾柄正中。

背鳍始于体前后端正中央的略前方，背缘斜且微凹，不达肛门。臀鳍形似背鳍而较窄短，其起点距尾鳍基较距腹鳍起点为近。胸鳍侧位，很低；尖刀状；不达背鳍。腹鳍始于第 3 背鳍硬刺下方，约达腹鳍基和臀鳍基的正中间。尾鳍深叉状，下尾叉略较长。

体背侧淡灰绿色，两侧及腹面银白色。鳃盖后缘有一橙黄色斑。背鳍与尾鳍黄灰色；尾鳍后缘附近灰黑色；胸鳍淡橘黄色；腹鳍与臀鳍淡黄白色。

生态习性：为淡水中下层小型鱼类。性活泼，喜成群游泳，多栖息于水草多的浅水带。产卵期在 7—8 月间涨水季节，卵产于流水内。浮性卵，无色透明。食物主要为藻类、轮虫、枝角类、桡足类和高等水生植物。

资源现状：20 世纪中期时还很常见，但近年来已很难见到，仅 2021 年 5 月在淀内采集到 1 尾，为稀见种。

经济意义：中小型经济鱼类，可食用。

（三）条鳅科 Nemacheilidae

北鳅属 *Lefua* Herzenstein，1888

40. 北鳅 （bèi qiū）*Lefua costata*（Kessler，1876）

地方名：八须泥鳅、泥鳅

同种异名：*Diplophysa costata*

形态特征：背鳍 iii -6；臀鳍 ii -5；胸鳍 i -11~12；腹鳍 i -6；尾鳍 iv ~ v -15~16- iv ~ v。内侧鳃耙 9-14。

体长 84 mm

体细长，稍侧扁，向前较宽圆，向后较侧扁。头钝锥状，略平扁。吻宽钝圆，不突出。眼小，侧上位，位于头前半部。口下位，横浅弧状；下颌稍短，达前鼻孔下方。唇光滑，两侧下唇有唇后沟。头部有小须 4 对：上颌须 2 对，位于吻端；鼻须 1 对，伸达眼中部；口角须 1 对。无显明的鳞。侧线亦不显明。

背鳍位于身体后部，约始于鳃孔与尾鳍基的正中间；背缘圆形；第 2~3 分枝鳍条最长，雄鱼可达肛门。臀鳍似背鳍但较小，位于背鳍之后下方。胸鳍侧下位，圆形，距腹鳍较远。腹鳍始于背鳍稍前方，亦圆形，距臀鳍近，不达肛门。尾鳍圆截形。

背侧淡灰色或棕灰色，背部和体侧有不规则小褐点，沿背中线常呈暗灰色纵纹，腹部淡黄色。雄鱼沿侧中线自吻端经眼和胸鳍上方，直至尾鳍基有一条由褐色斑点组成的纵纹，雌鱼无纵纹或仅在体后半部略显示。鳍淡黄色，背鳍与尾鳍上有褐色小点纹，尾鳍基有一深褐色斑。

生态习性：为缓静淡水区底层小型鱼类，生活在水浅及水草丛生的河汊、沟渠和湖沼中。个体小，最大个体仅 100 mm。以水生昆虫及其幼虫、藻类和植物碎屑为食。产卵期为 4 月初至 7 月，6 月份为产卵盛期。产卵时雌鱼在先，雄鱼在后追逐。卵径 1 mm 左右。卵椭圆形，黏性。

资源现状：数量极少，可能是由南拒马河偶然进入的，为稀见种。

经济意义：小型杂鱼，可食用，无大经济价值。

三、刺鱼目 Gasterosteiformes

刺鱼科 Gasterosteidae

多刺鱼属 *Pungitius* Coste，1848

41. 中华多刺鱼（zhōng huá duō cì yú）*Pungitius sinensis*（Guichenot，1869）

地方名：刺鱼、九刺鱼

同种异名：*Gasterosteus sinensis*

形态特征：背鳍Ⅷ~Ⅸ，10~11；臀鳍Ⅰ，10；胸鳍 i -9；腹鳍Ⅰ-1；尾鳍 iii ~ v -9-10- iii ~ iv。体侧骨板 33~34；鳃耙外行 5+8，内行 3+7。

体长 54 mm

体细小，呈纺锤形，稍侧扁，腹鳍基稍后体最高。尾部向后很细尖，尾柄尤细。头略侧扁。吻钝尖。眼位于头侧中线上下。口前位，中等大，很斜。前颌骨能伸缩，形成口上缘；下颌稍突出。两颌具小齿，犁骨、腭骨无齿。唇中等发达。体大部分裸露，仅沿侧线有鳞状骨板，到体中部后渐呈棱状。侧线侧中位，前段位较高。

背鳍始于胸鳍基前上方，前部由长短相似的鳍棘组成；鳍条部始于肛门后缘上方，上缘斜直，前方鳍条最长。臀鳍与背鳍鳍条部相对称，前方有一游离鳍棘。胸鳍基上缘邻侧中线下方，扇状。腹鳍始于胸鳍基后下方附近；腰骨外露，呈长三角形，后端尖；鳍棘发达；鳍条很小。尾柄有明显的侧棱。尾鳍后端截形或微凹。

背侧灰绿色，体侧黄绿色而带黑斑，腹部白色。各鳍淡黄色或白色。

生态习性：为冷水小型鱼类，生活于淡水、咸淡水或海水中。常在山区溪流缓流浅水处集群活动。主要食轮虫、枝角类和桡足类等，也食藻类和植物碎片。每年5—6月为产卵期。生殖期雄性成鱼体色较艳，有红色光泽；雌鱼因怀卵体较宽高。产卵时，雄鱼在水草丛生处用分泌液将草屑和植片筑成隧道形产卵巢，悬在挺水植物茎上。受精卵球形，淡黄色，直径1.0~1.2 mm，黏性。产卵后雄鱼护卵和仔鱼，雌性产卵结束和雄性完成护幼后死亡。

资源现状：数量极少，可能是由南拒马河偶然进入的，为稀见种。

经济意义：小型杂鱼，无经济价值，可作为观赏鱼饲养。

四、鲻形目 Mugiliformes

鲻科 Mugilidae

龟鲹属 *Chelon* Artedi，1793

42. 龟鲹（guī suō）*Chelon haematocheilus*（Temminck & Schlegel，1845）

地方名：梭鱼、红眼、肉棍子、赤眼梭

体长 186 mm

同种异名：*Mugil haematocheilus*

形态特征：背鳍Ⅳ，Ⅰ-8；臀鳍Ⅲ-9；胸鳍ⅱ-15~16；腹鳍Ⅰ-5；尾鳍ⅳ~ⅴ-12-ⅳ~ⅴ。纵行鳞39~41+4，横行鳞15~16。鳃耙外行约44+70，内行约30+50。

体长梭状，前端为亚圆筒形，向后渐甚侧扁，背缘平直，腹部圆形。头部向前渐平扁，背面宽坦且微圆凸。吻略突出，很平扁。眼小，侧中位，微带红色。脂膜不发达，仅存在于眼的边缘。前、后鼻孔远离；前鼻孔约位于吻的正中部，小圆孔状；后鼻孔横弧形。口略下位。前颌骨能伸缩，前端左、右骨间呈纵沟状。上颌骨后段外露且弯向后下方。眶前骨下缘有锯齿。下颌呈"八"字形，前缘薄锐；前端联合缝背面纵凸棱状，口闭时嵌在上颌间纵沟内。前颌骨有1行细小牙齿，下颌、犁骨与腭骨无齿。头部有圆鳞；体有弱栉鳞；峡部无鳞；模鳞近方形，前端较横直，后端圆弧状，栉刺短小，向前有辐状条纹，向后有一纵管状纹。除第一背鳍外各鳍均被小圆鳞。胸鳍无长腋鳞，而腹鳍基上缘与前背鳍基两侧各有一长腋鳞。无侧线。

背鳍2个，远离。第一背鳍始于体正中点略前方；第1鳍棘最长，各鳍棘间以膜相连。第2背鳍始于第3~4臀鳍条基上方；鳍棘细短；背缘斜形且微凹。臀鳍与第2背鳍相似，其第3鳍条与第2背鳍起点相对。胸鳍短宽，侧位而稍高；刀状，伸达腹鳍中部。腹鳍稍小，亚腹位，达背鳍始点。尾鳍浅叉状，上、下尾叉均钝。

头、体背侧青灰色，两侧浅灰色，腹部银白色。体侧上方鳞片有黑色纵纹数条。第2背鳍与尾鳍淡灰黄色，其他鳍灰黄色。

生态习性：为近海海鱼及半咸水鱼，亦进入淡水区。喜栖息于江河口咸淡水区及海湾

内，群游于水中、上层。性活泼，善跳跃，有逆流习性。底栖刮食性。幼鱼以浮游动物为食，成鱼主要食物有小型底栖生物、线虫、多毛类；浮游生物的小型、微型甲壳类；硅藻、蓝藻、鞭毛藻及微型藻；有机颗粒及碎屑；细菌等。产卵期5—6月，盛期为5月上中旬。卵圆球形，透明，单油球，浮性卵，卵径0.89~1.10 mm。

资源现状：龟鲹原生活在沿海河口的咸淡水里。20世纪50年代时白洋淀的龟鲹是从岐口移来的，生长良好，但几年内因病已死亡殆尽，淀内更为稀见。目前淀内龟鲹来源于增殖放流，河流中不曾发现。数量较少，为偶见种。

经济意义：肉质鲜美，营养丰富，经济价值较高，为港养鱼类的主要对象之一。

五、胡瓜鱼目 Osmeriformes

（一）胡瓜鱼科 Osmeridae

公鱼属 *Hypomesus* Gill，1862

43. 池沼公鱼（chí zhǎo gōng yú） *Hypomesus olidus*（Pallas，1814）

地方名：公鱼、黄瓜鱼

同种异名：*Salmo olidus*

体长 77 mm

形态特征：背鳍 iii-7~9；臀鳍 ii~iii-13~16；胸鳍 i-10~12；腹鳍 i-7~8。鳃耙 25-33。纵列鳞 55~58。

体细长，略侧扁。头小而尖。眼大，侧上位。口前位，口裂稍大，下颌略长于上颌，上颌骨后伸至眼下缘。上、下颌及舌上均具绒毛状齿。体被薄圆鳞，鳞片小。侧线不完全。

背鳍较高，位于体中点之前，与腹鳍相对；脂鳍末端游离呈指状。臀鳍起点距尾鳍基的距离大于至腹鳍基的距离。胸鳍小，位低，后伸不达腹鳍。尾鳍分叉很深。

体背部黄褐色，向腹部渐为银白色；头体背侧和鳍上及鳞片边缘均有分散排列的暗色小斑；性成熟个体沿侧线有一宽彩虹色纵条纹带，浸泡标本此带呈银白色；各鳍浅灰色。

生态习性：为冷水性中上层小型鱼类。在原产地多栖息于水温较低、水质清澈的山涧溪流、江河干流、湖泊、河口地区、潟湖、近岸海域等水域。不做长距离游动。生命周期短，产卵后大部分亲体死亡。产卵期 4—5 月，生殖季节有溯河洄游产卵的习性。在河流或湖泊近岸缓流或静水处，底质为沙或砾石的水域产卵。卵直径 0.8~1.0 mm，有油球，黏性，附于沙石或植物体上发育。水温 10℃左右，受精卵约经 20 天孵化。幼体摄食小型浮游动物，成体取食桡足类、枝角类、昆虫及其幼虫，食物中也出现藻类。

资源现状：数量极少，流域内首次发现为 2022 年，在淀内和孝义河各采集到 1 尾，为稀见种。

经济意义：肉味鲜美、营养丰富，有一定的经济价值。

（二）银鱼科 Salangidae

大银鱼属 *Protosalanx* Regan，1908

44. 大银鱼（dà yín yú）*Protosalanx chinensis*（Basilewsky，1855）

地方名：银鱼、面条鱼

同种异名：*Protosalanx hyalocranius*；*Eperlanus chinensis*

形态特征：背鳍 ii – 14 ~ 15；臀鳍 ii – 28 ~ 29；胸鳍 i – 23 ~ 25；腹鳍 i – 6；尾鳍 xii ~ xiii – 17 – x ~ xii。鳃耙 3+13。有脂背鳍。

体细长似柱状，前部平扁，后部侧扁，背鳍前方附近体最高。头长且很平扁，自背面看呈尖矛状。吻尖，平扁。眼大，侧中位。口大，稍斜。上颌骨向后伸达眼中央下方，下颌突出长于上颌，前端无

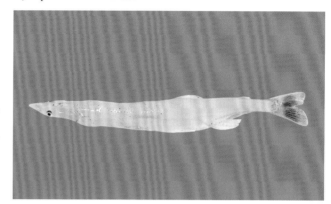

体长 153 mm

附加突起。上颌有齿 1 行，腭骨每侧有齿 2 行，下颌每侧有齿 2 行，舌上有齿 2 行。舌前端圆截形，游离。雌鱼全无鳞，仅雄鱼沿臀鳍基上缘有 1 纵行 24 ~ 28 个大鳞。侧线很低，位于胸鳍基下方，向后呈 1 纵行小黑点状。

前背鳍始于体正中间后方。后背鳍为一小脂鳍，约位于臀鳍基后端背侧。臀鳍大，基部长，始于前背鳍基后端后下方，雄性成鱼前缘特别肥厚。胸鳍位于侧下方，有一肉质扇状鳍柄；雌性成鱼鳍宽短，雄鱼尖刀状。腹鳍约始于眼后缘与肛门正中间。尾鳍尖叉状。尾柄近椎状。

体灰白色，半透明；鳍淡黄色或白色；小鱼尾鳍上、下叉轴及后缘黑色，大鱼仅后缘黑色。

生态习性：为冷水上层过河口性小型洄游鱼类。在海水、淡水、咸淡水中，近海、河口或湖泊中均有分布。大银鱼幼体主要摄食轮虫、枝角类、桡足类和多毛类、长尾类、短尾类幼体等浮游动物，成体转食虾、鱼等动物。生殖期 2—3 月上旬，产卵水温 3 ~ 5℃。受精卵黄色，卵径 0.8 ~ 1.1 mm，沉性，卵膜上散布卵膜丝，丝的附着对端游离。自然条件下卵膜丝既可缠附于植物体上，又可缓冲风浪的搅动，保持受精卵在良好条件下发育。

资源现状：在流域内均有发现，冬初开始多见。产量很少，体型亦小，多混于小杂鱼内，为常见种。

经济意义：肉味鲜美，营养丰富，视为珍品，是重要的经济鱼类。

六、鲈形目 Perciformes

（一）鳢科 Channidae

鳢属 *Channa* Scopoli，1777

45. 乌鳢 （wū lǐ）*Channa argus*（Cantor, 1842）

地方名：黑鱼、生鱼

同种异名：*Ophicephalus argus*

体长 280 mm

形态特征：背鳍 47~51；臀鳍 31~33；胸鳍 i -15- i；腹鳍 i -6；尾鳍 18。侧线鳞 61~67+2~5。鳃耙外行 4~5+8，内行 1~2+6~7。

体长形，前部微侧扁呈圆筒形，向后渐甚侧扁。头长大，向前渐平扁。尾柄短。吻短而平扁，钝锥状。眼小，侧上位，眼缘游离。口大，端位，斜形；下颌稍突出。两颌、犁骨与腭骨均有毛状齿，且各有 1 行大犬齿。舌稍尖，游离。唇较发达，下唇后沟前端中断。鳃盖膜越过峡部互相连结。鳞为大圆鳞，不易脱落，头体均有鳞，头部鳞片的形状不规则。侧线侧中位，起于鳃孔的后上方，向下斜行至臀鳍起点处变直，到肛门向前稍高，伸延至尾鳍基部。

背鳍极长，自胸鳍基上方稍后达尾鳍基附近。臀鳍似背鳍而鳍基较短，起自腹中，后延至尾柄前方。胸鳍侧下位，较宽，后缘呈圆形。腹鳍较小，亚腹位，不达肛门。尾鳍圆形。

头体背侧灰褐色，腹侧白色。体侧沿线上、下有十余对大黑斑，沿背中线有 1 行小黑斑。头部由眼至鳃孔有 2 条暗纵带状纹，头下面及胸部、腹部有褐色小点。胸鳍、腹鳍淡黄色；胸鳍基部有一黑色斑点。奇鳍有褐色斑点。

生态习性：为东亚沼泽区大型凶猛鱼类，常袭食其他鱼类。栖息于湖泊静水区，多活动于水草多的水域中，营底栖生活。春季多在浅水带活动，夏季常至水面，冬季则到 2 m 多深的水草丛生的深水区，埋于淤泥中越冬。在缺氧水体中能利用鳃上器官和多细血管的咽部在水面进行呼吸，离开水能活相当长时间，适应力很强。

产卵期自 4 月中旬开始，延续至 6 月，以 5 月为盛期。产卵多在水深 0.5 m 左右，多水草的岸边进行。产卵之前，亲鱼将一大片苇草挺出水面的部分咬断，凑集成巢，即在巢中央的空隙部分产卵。卵为金黄色富有油质的浮性卵，卵径 2~2.2 mm。卵产完后，雄鱼留下来单独地或与雌鱼联合守护，如遇敌害则迅速出击。三四天后，卵即孵化，亲鱼继续护巢。待仔鱼长成幼鱼时，亲鱼则驱动幼鱼离巢到处自由觅食。仔鱼、稚鱼阶段主要吃枝角类、桡足类等浮游动物，以后则捕食小鱼、小虾等。

资源现状：流域内均有分布，产量较高，为常见种。

经济意义：生长快，肉质细嫩，味道鲜美，且因有鳃上器官有利于活鱼运输和销售，为重要经济鱼类，还有重要药用价值，但对养鱼业有危害。

（二）虾虎鱼科 Gobiidae

吻虾虎鱼属 *Rhinogobius* Gill，1859

46. 波氏吻虾虎鱼 (bō shì wěn xiā hǔ yú) *Rhinogobius cliffordpopei* (Nichols，1925)

地方名：虾虎、爬石猴

同种异名：*Gobius cliffordpopei*；*Ctenogobius cliffordpopei*

形态特征：背鳍Ⅵ，Ⅰ-9；臀鳍Ⅰ-7~8；胸鳍 18~19；腹鳍Ⅰ-5。纵列鳞 29~30。鳃耙 11-12。

体延长，前部近圆筒状，后部侧扁。头圆钝，略平扁，前鳃盖肌肉发达，明显膨出。眼小，侧上位。口小，端位，斜裂。上、下颌等长，具多行细齿。舌宽，前端圆形，游离。鳃盖膜与峡部相连。体被栉鳞，吻部、颊部、鳃盖处、胸部、腹部、胸鳍基部等处无鳞。无侧线。

体长 53 mm

背鳍 2 个，分离，其起点位于胸鳍基部后上方，基部短；第 2 背鳍基部较长，与臀鳍相对。臀鳍与第 2 背鳍同形且相对，不伸达尾鳍基。胸鳍宽大，近圆扇形，下侧位，后伸不达肛门上方。腹鳍胸位，左右腹鳍愈合成长圆形吸盘，雄鱼腹鳍末端可伸达肛门。尾鳍长圆形。

体黄褐色，背深腹浅，体侧常有 6~7 个深褐色纵斑，眼前无蠕虫状条纹。雄鱼各鳍呈灰黑色，第 1 背鳍前部具一蓝黑色斑；雌鱼无蓝黑色斑，但背鳍、尾鳍上有多行黑色小点。

生态习性： 为淡水底栖性小型鱼类，喜栖息于湖岸、池塘、河溪等水体的浅水区。个体小，一般 20~30 mm。为以肉食性为主的杂食性鱼类，多以水生昆虫、桡足类、枝角类等为食，也食藻类和水草。产卵期 4—6 月。成熟卵椭圆形，一端较尖，另一端较钝；单个油球，位于钝端。受精卵黏附于物体上发育，钝端向上。

资源现状： 流域内均有分布，但数量不多，为偶见种。

经济意义： 小型食用鱼类。可鲜食或制成干制品，味美，具一定经济价值。因吞食鱼卵，对养殖有一定危害。

47. 子陵吻虾虎鱼 （zǐ líng wěn xiā hǔ yú） *Rhinogobius giurinus*（Rutter，1897）

地方名： 虾虎、爬石猴

同种异名： *Gobius giurinus*；*Gobius hadropterus*；*Glossogobius giuris*；*Glossogobius giurinus*；*Ctenogobius giurinus*

体长 57 mm

形态特征： 背鳍Ⅵ，Ⅰ-8~9；臀鳍Ⅰ-8~9；胸鳍 17~20；腹鳍Ⅰ-5；尾鳍ⅴ-11~13~ⅴ。纵行鳞 30~34，横行鳞 11~12。鳃耙外行 2+9，内行 2+9。

体长，渐稍侧扁。头部颇长，稍平扁，头侧自鼻孔到前鳃盖骨后附近肌肉发达，肥凸。吻钝。眼大，侧上位。口前位，斜形，下颌稍长。齿间细，分叉，上、下颌前部各约有 5 行，后部仅有 2 行，交错排列呈狭带状，下颌两侧后部各有一向后弯曲的犬齿。舌圆截形，游离。体被大型薄栉鳞，头部除后头部被小鳞外，其他部分无鳞。无侧线。

背鳍 2 个，分离。第 1 背鳍始于胸鳍基后上方，鳍棘不突出成丝状。第 2 背鳍基较长；最后鳍条最长，达尾柄后半部。臀鳍似第 2 背鳍而较低短，起于第 2 背鳍第 3 鳍条的下方，与第 2 背鳍等长或稍短，不达尾鳍基部。胸鳍侧位，长圆形，不伸过肛门。腹鳍胸位，左右合成一圆吸盘状，后缘不达肛门。尾鳍尖圆形。

头体背侧淡黄褐色，有云状不规则暗色斑及虫纹，鳞后缘常色较暗；体侧有 1 纵行

8~9个大黑斑，斑间尚有小杂斑；腹侧淡色，无斑。头侧常有6~7条黑褐色细斜纹，第1纹自眼达吻侧最显明。颊部纹斜向前下方。鳃孔背角后方到胸鳍基上端有一亮黑斑。鳍淡黄色；两背鳍中部有一较宽的鲜黄色纹，外缘具一黄褐色边纹；尾鳍有6~7条横的褐色点纹；有些腹鳍与臀鳍色稍灰暗。

生态习性：为平原淡水多水草处小型鱼类，栖息于江河、湖泊沿岸浅水处。个体较小。肉食性凶猛鱼类，以鱼苗、鱼卵、水生无脊椎动物、贝类等为食，甚或自相残杀。产卵期4—6月，有的可延期到7月下旬。卵长形，淡黄色，长径2.4 mm左右，短径约0.45 mm。卵的细长一端有1簇黏丝。卵黏性，依黏丝黏附于芦苇秆或沙石上发育，雄鱼有护卵行为。水温25℃时受精卵约经4天孵化，30℃以上时1~2天即可孵化，初孵仔鱼体长2.3 mm。

资源现状：个体虽小，但群体数量较多，在捕虾网的渔获品中常可看到，为优势种。

经济意义：肉嫩味美，可鲜食，或者制成淡干品，具有较大经济价值。在池塘中因吞食鱼苗，会对养殖造成一定危害。

（三）狼鲈科 Moronidae

花鲈属 *Lateolabrax* Bleeker，1855

48. 中国花鲈 (zhōng guó huā lú) *Lateolabrax maculatus* (McClelland，1844)

地方名：花鲈、鲈板、鲈子鱼

同种异名：*Holocentrum maculatus*

形态特征：背鳍XII-I-13，略分离；臀鳍III-7~8；胸鳍ii-15~16；腹鳍I-5；尾鳍vi-15-v~vi。侧线鳞70~80。鳃耙外行7~8+15~16，内行6~7+12。

体长梭状。中等侧扁，前背鳍始点处体最高。头亦侧扁。吻钝短。眼位于侧中线上方。口大，前位，倾斜。下颌较上颌略长。前上

体长 152 mm

颌骨能伸缩。两颌、犁骨与腭骨具绒毛状齿。舌圆、薄、游离。前鳃盖骨后缘锯齿状，角处及下缘有4个辐状棘。除吻端、两颌及颏部，通体具排列整齐的小栉鳞。背鳍及臀鳍基

底被有低的鳞鞘。侧线完整，前方高到尾柄为侧中位。

背鳍2，鳍基略连。第1背鳍始于胸鳍始点略后方；第2背鳍短，背缘斜形。臀鳍第2鳍棘最粗长。胸鳍短，侧下位，圆刀状。腹鳍胸位，比胸鳍基位置稍靠后，远不达肛门。尾鳍钝叉状，微凹。

背侧灰绿褐色，向下色渐淡，腹侧白色。体侧及背鳍鳍棘部散有若干黑斑，此斑常随年龄增大而减少。背鳍及尾鳍灰色，边缘黑色。偶鳍淡黄色。

生态习性：为近海及河口附近中上层凶猛鱼类，亦进入淡水河内索食。属肉食性鱼类，主要摄食鱼类、甲壳类等。产卵期8—11月，盛期9月中旬至10月中旬。浮性卵，1个油球，卵径为1.14~1.40 mm。但在淀内性腺不成熟，因而不能繁殖。

资源现状：为近年来白洋淀增殖放流的引入品种。生长良好，但数量不多，为偶见种。

经济意义：肉嫩味美，生长快，是上等的食用鱼类，具有重要的经济价值和一定的药用价值，也是重要的人工养殖品种。

（四）沙塘鳢科 Odontobutidae

小黄黝鱼属 *Micropercops* Fowler & Bean，1920

49. 小黄黝鱼（xiǎo huáng yǒu yú）*Micropercops swinhonis*（Günther，1873）

地方名：黑山根

同种异名：*Perccottus swinhonis*；*Hypseleotris cinctus*；*Eleotris swinhonis*；*Hypseleotris swinhonis*

形态特征：背鳍VII~IX，10~13；臀鳍I-7~9；胸鳍14~15；腹鳍I-5；尾鳍25~26。纵列鳞31~35。鳃耙外行3~4+8~12，内行2~3+8~9。

体长形，侧扁，似矛状。头大，钝尖，亦侧扁。吻短钝。眼大，侧上位。口大，前位，斜形，下颌稍突出。两颌有牙齿。舌长椭圆形，游离。头胸被圆鳞，其余被栉鳞。自颊部与后头部向后头体均有大栉鳞，吻部与眼间隔无鳞。无

体长 52 mm

侧线。

背鳍 2，分离。第 1 背鳍始于胸鳍基稍后上方，背缘圆弧形；第 2 背鳍始于肛门上方，背缘微圆凸。臀鳍位于第 2 背鳍下方，与第 2 背鳍相似而较窄。胸鳍侧下位，圆形，约达肛门附近。腹鳍胸位，始于胸鳍基下方，相距很近，分离不愈合，不达肛门。尾鳍圆形。

体呈淡黄褐色，背面及两侧自鳃孔到尾鳍基约有十余条灰黑色横带状纹。头背侧灰黑色，眼下方及后下方常各有一灰黑色纹。体腹侧常为橘黄色。各鳍为淡灰黄色，背鳍常有数条灰黑色纵纹，尾鳍有 7~10 条灰黑色横纹。

生态习性：为我国东部平原淡水多草处的小型鱼类。常成小群地生活在浅水带的水草丛中，喜伏水底。喜食小虾、水生昆虫及其幼虫、浮游动物等，也吃一些藻类植物。产卵期在 4 月初清明前后，持续到 6 月下旬，盛期在 4 月中旬。雄性繁殖季节自臀鳍基至尾柄末端呈现鲜艳的杏黄色。卵黄色，黏性，卵径约 0.7 mm，在芦苇秆上呈片状密集附着，雄鱼有护卵行为。产卵场以池鱼淀、后塘淀最为集中。

资源现状：流域内均有分布，在捕虾网的渔获中常可见到，为常见种。

经济意义：小型食用鱼类，尤为天津及冀中人民喜爱食用，经济价值高。

（五）丝足鲈科 Osphronemidae

斗鱼属 *Macropodus* Lacepède，1801

50. 圆尾斗鱼（yuán wěi dòu yú）*Macropodus chinensis*（Bloch，1790）

地方名：布鱼、斗鱼、太平鱼

同种异名：*Macropodus opercularis*；*Chaetodon chinensis*

形态特征：背鳍 XIV ~ XIX – 5~6；臀鳍 XVI ~ XIX–9~10；胸鳍 i ~ ii –8 ~ 11；腹鳍 I –5；尾鳍 iii –12 ~ 13 – iii。纵行鳞 29+4，横行鳞 13~14。鳃耙 3+4。

体侧面呈长椭圆形，很侧扁，以背鳍始点稍后最高。头前端钝尖。吻短突。眼位于头侧上方。口小，前位，斜裂。口闭时上、下颌

体长 51 mm

前端约相等。前颌骨能伸缩，与下颌均有数行不能活动的锥状齿。唇两侧有唇后沟。前鳃盖骨角圆形，有弱锯齿。鳃盖骨无棘。头部为圆鳞，体侧为栉鳞，鳞片较大，臀鳍基部及背鳍基较长，后半部有鳞鞘。无侧线。

背鳍始于胸鳍基稍后，第3~5鳍条最长，远伸过尾鳍基。臀鳍似背鳍而始点略靠后。胸鳍侧位，稍低，圆形，伸过臀鳍始点。腹鳍胸位；鳍棘短；第1鳍条突出为丝状。尾鳍圆形，尾柄甚短。

体呈暗绿褐色，背侧色较暗。体侧有蓝绿色横纹十余条，纹在体侧中部较向前凸，第4~9纹下部较宽，常呈叉状。鳃盖骨后上角有一大的蓝绿色亮斑，斑后缘橘红色，弧状。头侧自眼及眼下缘向后下方各有一黑色斜纹。奇鳍黄褐色，微红。偶鳍灰褐色，略带黄色。生殖季节特别鲜艳，平时不鲜明。

生态习性：为东亚平原区小型鱼类，喜生活于清浅多水草的静水及小型淡水水体。属以肉食性为主的杂食性鱼类，主要以浮游动物、水生昆虫及其幼虫、藻类为食，有时也吞食鱼卵、鱼苗。产卵期在5—6月，产卵前雄鱼于水面吐泡沫作为浮性巢，雌鱼产卵其中并由雄鱼护巢；浮性卵。

资源现状：流域内均有分布，数量多，在渔获品中常可见到，为常见种。

经济意义：无食用价值，但能消灭孑孓，改善环境卫生。生殖期雄鱼色美且好斗，常养作观赏鱼。

（六）鮨鲈科 Percichthyidae

鳜属 *Siniperca* Gill，1862

51. 鳜 （guì）*Siniperca chuatsi*（Basilewsky，1855）

地方名：桂鱼、花鲫、季花

体长 113 mm

同种异名：*Perca chuatsi*

形态特征：背鳍Ⅻ-14~16；臀鳍Ⅲ-10；胸鳍ⅱ-14；腹鳍Ⅰ-5；尾鳍ⅳ~ⅶ-15-ⅳ~ⅶ。侧线鳞 $119 \sim 127 \dfrac{35 \sim 38}{78 \sim 85} + 12 \sim 18$。鳃耙外行约 9+5~8，内行 4~7+16~19。

体较高，长梭状，中等侧扁，

第5~6背鳍棘基体最高。头大，亦侧扁，侧面前端呈尖角形。吻短。眼位于头前半部的侧上方。前鼻孔后缘呈半圆形小膜质突出。口大；前位；下颌较上颌长；上颌骨后端宽截形，达眼后缘；辅颌骨长形。两颌、犁骨及腭骨有绒状齿群；两颌齿有些为犬牙状；舌薄，游离。唇在口角发达。前鳃盖骨后缘小锯齿状，后下角及下缘有4~5个辐状大棘。鳃盖骨正后有一大棘，上方尚有一短扁棘。头体及奇鳍基附近被细小圆鳞，吻部和眼间无鳞。模鳞长椭圆形。侧线完整，由背侧向尾柄部呈半月状弯曲。

第1背鳍始于胸鳍始点稍前方，与第2背鳍间浅凹刻状。臀鳍位于第2背鳍下方，鳍条部圆形。胸鳍侧位，稍低，圆形。腹鳍约始于胸鳍基后缘下方，小鱼略不达肛门，大鱼距肛门更远。尾鳍圆截形。

体背部黄绿色，腹部灰白色，体侧具有不规则的暗棕色斑及斑块。头部自吻端到背鳍，沿背中线及经眼到前背两侧各有一黑褐色长带状纹；向下渐淡，在尾柄侧有数个大小不等的黑斑。在背鳍第6~7、8~9、11~12鳍棘及鳍条部后端和尾柄后端各有一暗棕色斑，第1斑最长大，达胸鳍基部后方呈横带状。鳍黄色，各奇鳍均有大小不等的黑色斑点。体色可随生存环境不同有一定变化，有时甚至颜色很深。

生态习性：为我国东部典型的江河平原鱼类，是我国的特产。生活在静水或缓流的水体中，水草丛生的湖泊和水库中更适合。喜潜伏水底，春夏季多在水质清晰的深水草丛中活动，冬季则潜入深水草或泥内，不食不动。为肉食性凶猛鱼类，夜间喜在水草丛中潜伏等待食物到来即猛扑吞食。幼鱼吃虾、水生昆虫、鱼苗等；成鱼则食鲫、鳡鲅、鳘等小型鱼类及虾类。5—6月分批产卵于夜晚激流中。卵小，具油滴，浮性，卵径约0.8 mm。因卵的比重大于水，所以浮于水的中层，但在静水中往往沉于水底。

资源现状：近年来增殖放流品种之一，数量少，淀区稍多，在南拒马河、唐河也曾偶然捕到，为偶见种。

经济意义：肉质细嫩，味鲜美而少刺，为我国名贵淡水鱼，具有重要的经济价值。因贪食其他鱼类在池塘养鱼业中常被视为害鱼。其鳍棘基部有毒腺，人被刺伤甚疼。

七、鲇形目 Siluriformes

（一）鲿科 Bagridae

黄颡鱼属 *Pelteobagrus* Bleeker，1865

52. 黄颡鱼 （huáng sǎng yú）*Pelteobagrus fulvidraco*（Richardson，1846）

地方名：甲甲、嘎鱼、黄辣丁

同种异名：*Pseudobagrus fulvidraco*；*Pimelodus fulvidraco*

体长 150 mm

形态特征：背鳍 I -7；臀鳍 iv-14~17；胸鳍 I -7~8；腹鳍 i -5；尾鳍 ix~ xiii-14~15-ix~ x iii。鳃耙 4~6+10~11。

体长形；背鳍始点处体高，略侧扁，腹面平直，向后渐尖且很侧扁。头大，平扁，背面额骨与上枕骨裸露。吻很平扁，钝圆，略突出。眼小，位于头侧中线上方，眼缘游离。后鼻孔前缘 1 对鼻须。口大，下位，浅弧状。上、下颌近等长，有绒状齿群。犁骨齿群横弧状，不中断，舌钝厚。唇不中断。除鼻须外，尚有上颌须、下颌须及下颏须各 1 对；上颌须最长，伸达胸鳍基后缘附近。体裸露无鳞。侧线侧中位。头部在眼下方及下颌下方有黏液孔。

背鳍始于胸鳍基稍后方；前基缘有 3 个项背骨板；硬刺后缘有向下倒刺；鳍背缘斜直。脂背鳍发达，位于臀鳍基中段上方，后端游离。臀鳍下缘圆弧形；中部鳍条最长。胸鳍尖刀状，位很低；硬刺前后缘均有锯齿，前缘齿细小，斜向末端；内侧齿较大，斜向基部，不达腹鳍。腹鳍始于体正中点后方，圆刀状，达臀鳍前端。尾鳍深叉状。

体呈黄褐色，头背面、背鳍基及后背各有一暗褐色大斑；体侧有 3~4 个暗色纵带纹，前方 2~3 个纹常分成上、下两段，间隙与腹侧淡黄色。有的个体完全呈黄色，无暗色带纹。鳍灰黄色；尾鳍上、下叉中央黑带纹状，其他鳍中央常较灰暗。

生态习性：为淡水底栖肉食性鱼类，喜生活在静水或缓流、具有腐败物和淤泥的水草多的水底。白昼常隐藏于草下、坑凹内或石块下，夜间出来觅食。常于早晨和傍晚仰游于水表层，捕食落水昆虫，也食底栖软体动物、小虾及小鱼等。春夏季常吞食其他鱼的卵。

产卵期在 5—7 月。生殖时两性异形。产卵活动是在夜间进行的，当气候由晴天转为阴雨天时即可产卵。产卵前雄鱼到泥底处挖直径 6~14 cm 的巢穴；雌鱼产卵后离巢觅食而卵由雄鱼保护。卵黄色，沉性。卵径 1.5~1.95 mm。

资源现状：流域内均有分布，产量较多，为常见种。

经济意义：肉细嫩，味美，为食用经济鱼类，也是小型淡水名特优水产养殖品种。黄颡鱼胸鳍棘有毒，被其刺伤后红肿发痒，应注意防护。

53. 瓦氏黄颡鱼 (wǎ shì huáng sǎng yú) *Pelteobagrus vachellii* (Richardson，1846)

地方名：灰杠

同种异名：*Pelteobagrus vachelli*；*Pseudobagrus vachelli*；*Bagrus vachellii*

形态特征：背鳍 I -7；臀鳍 iv-19~20；胸鳍 I -9；腹鳍 i -5；尾鳍 ix~xi-15-xi。鳃耙 4+10。

体长形；背鳍始点处最高，略侧扁，向后渐细且较侧扁。头平扁，背面被厚皮。吻钝，圆厚，略突出。眼小，侧位，周缘游离。后鼻孔前缘鼻须伸达眼后方。须 8 条；上颌须最长，达胸鳍中部；下颌须及下颏须各 2 条，达鳃孔附

体长 197 mm

近。口下位。上、下颌有绒状牙群。左、右犁骨牙群相连。唇厚，仅口角有唇后沟。体表面裸露。侧线侧中位，前端较高。

背鳍始于胸鳍后段上方；硬刺较胸鳍硬刺稍长，前缘光滑，后缘有弱倒刺，伸达腹鳍基。脂背鳍较臀鳍基短，后段游离。臀鳍中等大，始点约位于胸鳍始点与尾鳍基正中间。胸鳍位很低；硬刺前缘光滑，后缘约有 15 个大倒刺。腹鳍圆形，约伸达臀鳍始点。尾鳍深叉状。

体背部灰褐色，两侧灰黄色，或有暗色斑块，腹侧色最淡。除脂背鳍后端色淡外，各鳍均略呈灰黑色。

生态习性：为我国东部及朝鲜西部淡水特产底层鱼类。习性与黄颡鱼相似，多在江河、湖泊等静水或缓流处活动，常潜伏在水体水草丛生处。肉食性，食物包括小鱼、虾、水生昆虫及其幼虫、小型软体动物和其他水生无脊椎动物。产卵期 5—7 月，多在水流缓慢的浅水滩或水草多的岸边产卵。卵黏性，颜色浅黄，产出后附着在石头上发育。生殖期雄鱼肛门后有生殖突。

资源现状：产量较少，常混于黄颡鱼中，仅在淀内有发现，为偶见种。

经济意义：是一种淡水名优经济鱼类，肉质细嫩，味道鲜美，营养丰富，经济价值较高。

（二）鲇科 Siluridae

鲇属 *Silurus* Linnaeus，1758

54. 鲇 （nián）*Silurus asotus* Linnaeus，1758

地方名：鲇鱼、鲇巴

同种异名：*Parasilurus asotus*

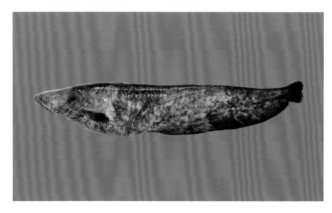

体长 275 mm

形态特征：背鳍 i - 4；臀鳍 71~86；胸鳍 I -13~15；腹鳍 i -11；尾鳍 ii - 14 ~ 15 - ii。鳃耙 2~3+7~9。

体长形；以背鳍基附近体最高，此处微侧扁；向前渐平扁，向后渐甚侧扁。头很平扁。吻宽短，圆弧状。眼很小，侧上位，覆有透明薄膜。口大，前位，浅弧状，口裂浅。下颌较上颌长。上、下颌，犁骨及上，下咽骨均有绒状牙群。左、右犁骨牙群带状，微连。唇后沟仅口角有。每侧上颌须 1 条，伸过胸鳍基；稚鱼有下颌须 2 条。体表光滑无鳞及骨板，富有黏液腺。侧线完全，侧中位，呈 1 列白色小孔状，前端较高。头背面颌下方有小黏液孔。

背鳍约位于胸鳍后端上方，很短，呈丛状。臀鳍很发达且长，后端连尾鳍。胸鳍侧位、稍低；硬刺发达，前缘有锯齿状倒刺5~18个，后缘倒刺较少；鳍近圆形。腹鳍圆形，达臀鳍前端。尾鳍小，圆形或后端微凹，下缘前1/2连臀鳍。

体色随栖息环境不同而有所变化。据观察生于清水有草处者背侧绿褐色，腹侧白色；生于黄河浑水中的有些为艳黄色，腹侧色较淡；生于污泥底静水处者，背侧近黑色，腹侧污白色，体侧上方有横的白点纹或不规则的云状斑块。背鳍与尾鳍灰黑色，其他鳍灰黄色，有时胸鳍中部为灰黑色。

生态习性：为我国东部及朝鲜、日本的淡水底层凶猛鱼类，多栖息在河流、湖泊和水库中。活动力不强，白天多栖息在水草丛生的底层，夜间游至浅水处觅食。常居于深水或污泥中越冬。主要食物是小型鱼类、虾类、水生昆虫等。生殖期在5—7月涨水季节，产卵多在黎明时水深0.5 m左右的多水草处进行。卵大，绿色，卵径1.6~1.8 mm，黏着在水草上发育。

资源现状：流域内均有分布，有一定天然捕捞产量，为常见种。

经济意义：生长较快，肉嫩味美，刺少，为重要经济食用鱼类之一，同时也为药用鱼类，经济价值很高。但因其吃鱼，对于养鱼是有害的。鲇卵有毒，卵毒素虽能为热所破坏，但若烧煮时间短食后仍会中毒。其胸鳍棘和外包皮膜中有毒腺组织，被刺后即感剧痛，创口出血。在捕捉和食用鲇鱼时应慎为注意。

八、合鳃鱼目 Synbranchiformes

（一）刺鳅科 Mastacembelidae

中华刺鳅属 *Sinobdella* Kottelat & Lim，1994

55. 中华刺鳅 （zhōng huá cì qiū） *Sinobdella sinensis*（Bleeker，1870）

地方名： 刺泥鳅

同种异名： *Mastacembelus sinensis*；*Rhynchobdella sinensis*；*Pararhynchobdella sinensis*；*Mastacembalus aculeatus*

体长 151 mm

形态特征： XXXII~XIII-58~64；臀鳍III-58~60；胸鳍 23~24；尾鳍8。

体细长，鳗状；约以肛门附近体最高，稍侧扁，向前后渐尖。头尖小，微侧扁，侧面呈尖三角形。吻尖形，前端向下有一肉质突起，突起无横凹纹。眼很小，侧上位，被透明皮膜，无游离眼睑。眶前骨在眼前半部下方向后隐1棘，前鳃盖骨有2棘。口大，前位，斜形。上、下颌有齿。头体有圆鳞，鳞很微小；沿体侧1纵行鳞约250以上。无侧线。

背鳍很长；鳍棘游离，约始于胸鳍基稍后上方，后方鳍棘稍较长；鳍条部位于尾部，与尾鳍完全相连。臀鳍前2个鳍棘距第3鳍棘较远；第2鳍棘最长；鳍条部与背鳍鳍条部相似。胸鳍侧下位，短小呈扇状。无腹鳍。尾鳍窄长。

背面绿灰褐色，自吻背面经眼向后到尾部背缘有一黄色纵纹；腹面淡黄白色；从鳃盖后缘至尾基有许多淡色斑点及约28条淡色垂直线纹；背面及腹面有许多网状花纹。胸鳍黄色，基端附近褐色。背鳍、臀鳍颜色似体色而外缘黄白色，上有许多不规则的白斑，背鳍有网状纹。

生态习性： 为浅淡水多水草处的底层肉食性鱼类，在流水或静水水域中，喜在岸边石隙或水草丛间活动，常钻穴底泥。产卵期4—5月。卵黏性，淡黄色，卵径1.09~1.33 mm。以小鱼、小虾、水生昆虫及其幼虫、丝状藻等为食，也吃水生高等维管束植物。

资源现状： 淀内数量很少，唐河也曾发现1尾，为少见种。

经济意义：小型杂鱼，产量小，无经济价值。可作观赏鱼类。

（二）合鳃鱼科 Synbranchidae

黄鳝属 *Monopterus* Lacepède，1800

56. 黄鳝 （huáng shàn）*Monopterus albus*（Zuiew，1793）

地方名：鳝鱼

同种异名：*Muraena alba*

形态特征：体长圆柱状呈蛇形，前端较粗，向后渐尖且微侧扁，尾短而尖细。头短粗，略侧扁，前端钝尖。吻短小，略侧扁，微突出。眼很小，侧上位，眼缘不游离，为皮膜所覆盖。口大，前位，稍低，半圆形。上、下颌及腭骨均有绒毛状细齿。体表光滑无鳞。侧线直线形，完整但不明显，在尾部侧中位，向前渐较高。

体长 347 mm

背鳍与臀鳍均为弱皮褶状，无鳍条。尾鳍不明显。无偶鳍；奇鳍亦仅有背鳍和臀鳍褶痕。

头体背侧黄褐色或黄灰色，有许多不规则的小黑斑；腹侧橙黄色，黑斑较稀少。

生态习性：为淡水底层穴居鱼类。白日常隐伏于河道、沟渠、湖塘、稻田等岸边洞穴内，仅留头部于洞口水底，或仅口鼻等留在水面下，伺机捕食落水昆虫等。夜间常外出觅食昆虫等幼虫，也食小鱼、小虾、蝌蚪及蛙等。鳃不发达，但能以口咽腔内壁膜呼吸，出水后不立刻死亡。水枯时能退到低湿处或钻入湿泥内而不死亡。产卵期为 5—6 月，亲鱼吐泡沫于洞口聚成鱼巢，卵产于巢内。产浮性卵，卵大，卵径 2~4 mm，呈金黄色。亲鱼有护卵习性。7~8 天孵出仔鱼，为雌雄同体鱼类。

资源现状：流域内均有分布，淀内数量较多，有一定产量，为常见种。

经济意义：为淡水经济鱼类，肉质细嫩，肉味鲜美。而且有辅助呼吸器官，可耐久存及运输，以供鲜售。黄鳝又是药用鱼类。黄鳝血清有毒，但不耐热，一般煮熟食用不会发生中毒。

附　录

十足目 Decapoda

（一）匙指虾科 Atyinae

米虾属 *Caridina* H. Milne-Edwards，1837

1. 尼罗米虾细足亚种	（ní luó mǐ xiā xì zú yà zhǒng）*Caridina nilotica* subsp. *gracilipes* De Man，1908

地方名：红鼻虾、细足米虾

同种异名：—

体长 28 mm

形态特征：体长 15～25 mm。体形微侧扁，表面光滑。额角侧扁，稍长于头胸甲；基部较宽，平直前伸；末端向上翘起；上缘基半部具 12～17 齿，其基部 1 或 2 齿在眼眶后方，尖端附近通常有一附加齿；下缘具 7～12 齿，较上缘大且排列紧密。头胸甲前侧角圆形，仅具触角刺，无眼上刺及颊刺。第 1 触角柄长约为头胸甲长的 2/3。第 1 颚足内肢外缘末端具 1 长叶片状突起。尾节背面有 4 对活动小刺，末端较宽，末缘中央有 1 小刺，其两侧具 3、4 对长刺，后侧角背面有 1 对短刺。

步足较纤细，不具外肢。第 1 与第 2 步足均具螯，螯的掌部显著；指节明显短于掌节，略呈匙状，末端具一簇长毛。第 1 步足腕节前缘凹陷。第 2 步足腕节前缘不深凹。步足不具外肢。雄性第 2 步足底节腹缘不具弯角状突起。第 3 步足指节腹缘具 13～15 刺；掌节、腕节及长节外侧腹缘刺数较多。第 5 步足最长，指节腹缘约具 50 枚梳状刺。

雄性第 1 腹肢的内肢小，略呈矛状，边缘具羽状毛。雄性附肢细长呈棒状，末端稍宽而圆，内侧及顶端有 10 余根硬刺毛；内附肢较短。尾肢甚宽大，外肢外缘末端 1/3 处有一横裂隙，其前缘约具十余枚活动小刺。

身体透明，额角、触角、腹部腹面及尾节微呈棕红色。

生态习性：主要生活于湖泊、池塘、河流中，有时在平原地区的水沟和水田边缘的小水池中也常见到。多生活于平原或丘陵地带，海拔较高的地区很少见到，喜生活于水流较缓而平静的多水草区域，在少水草地区，则常在池塘的底部生活。杂食性，以藻类和浮游生物为食。每年春季开始繁殖，可一直延续到秋末，夏初为产卵的盛期。卵小，卵径为（0.30~0.32）mm×（0.45~0.50）mm。

资源现状：流域内均有分布，产量较大，为优势种。

经济意义：营养丰富，经济价值较高。

新米虾属 *Neocaridina* Kudo，1938

2. 异足新米虾指名亚种 （yì zú xīn mǐ xiā zhǐ míng yà zhǒng）*Neocaridina heteropoda* subsp. *heteropoda* Liang，2002

地方名：草虾、中华新米虾

同种异名：*Neocaridina denticulata sinensis*；*Neocaridina heteropoda*；*Caridina davidi*；*Caridina denticulata*；*Neocaridina denticulata davidi*

形态特征：体长 20~30 mm。体形微侧扁，表面光滑。额角侧扁，长约为头胸甲的 3/4，上缘平直，但基部微微隆起，具 12~25 齿，基部 3 或 4 齿在头胸甲上，下缘基半部具 2~7 齿。额角侧脊极为明显。头胸甲具触角刺及颊刺，无眼上刺。腹部甚直，表面光滑。尾节背面具 4~6 对活动小刺；末缘圆

体长 30 mm

形，但中央呈尖刺状，其两侧约具 10 枚活动刺毛。第 1 触角柄第 1 节外缘末端有 1 尖刺；柄刺较长。大颚无触须，门齿部有尖齿 5、6 枚，臼齿部接触面边缘具梳状排列的小刺毛。第 1 颚足内肢外缘末端圆形，不具叶片状突起。第 2 颚足末节甚大，接于末 2 节的侧面。第 3 颚足细长，末节腹缘有许多小刺，顶端呈爪状，具外肢。

前两对步足呈螯状。第 1 步足粗短，前缘凹陷；指之内缘微凹，呈匙状，末端具有一簇长毛。第 2 步足较细长，腕节前缘不深凹；雄性在底节腹缘有一弯角状突起。第 3 及第 4 步

足指节末端呈双爪状，腹缘有5~7枚硬刺。第5步足最长，指节腹缘约有50枚梳状刺。第3颚足及前4对步足均具肢鳃，步足不具外肢。雄性附肢特别粗大，生有许多刺毛。

雄性第1腹肢的内肢特别宽大，呈卵圆形的薄片状，背面满布小刺，内附肢极小。雄性的第2腹肢附肢呈长圆形，内缘较直，外缘中部向内凹下，末端及内缘有许多刺毛。尾肢甚宽大，外肢外缘末端1/3处有一横裂隙，其前缘约具十余枚活动小刺。

体呈墨绿色，背面中央有一道不规则棕色斑纹。

生态习性：适应性强，栖息于湖泊、池沼或沟渠内的沿岸浅水多水草区域，攀附于水草上或爬于岩石上。在山溪中常分布于溪流的中下游河段，喜在流速较缓的溪流沿岸区生活。杂食性，以藻类和浮游生物为食。春夏间开始繁殖，卵径（0.60~0.68）mm×（0.84~1.04）mm。

资源现状：流域内均有分布，产量较大，为优势种。

经济意义：为经济虾类，具有重要的食用和经济价值。

（二）美螯虾科 Cambaridae

原螯虾属 *Procambarus* Ortmann，1905

3. 克氏原螯虾 （kè shì yuán áo xiā） *Procambarus clarkii* （Girard，1852）

地方名：小龙虾

同种异名：*Cambarus clarkii*

形态特征：成体长7~13 cm。体形较大呈圆筒状，甲壳坚厚，头胸甲稍侧扁，前侧缘不与口前板愈合，侧缘也不与胸部腹甲和胸肢基部愈合。颈沟明显。第1触角较短小，双鞭。3对颚足都具有外肢。步足全为单枝型，前3对螯状，其中第1对特别强大、坚厚。

体长84 mm

末2对步足简单，呈爪状。头部有3对触须，触须近头部粗大，尖端小而尖。在头部外缘的1对触须特别粗长；在1对长触须中间为2对短触须。

胸部有步足5对，第1至第3对步足末端呈钳状，第4、5对步足末端呈爪状。第2对步足特别发达而成为很大的螯，雄性的螯比雌性的更发达，并且雄性的前外缘有一鲜红的薄膜，十分显眼，雌性则没有。尾部有 5 片尾扇，雌虾在抱卵期和孵化期爬行或受敌时，尾扇均向内弯曲，以保护受精卵或稚虾免受损害。

体色包括红色、红棕色、粉红色。背部是酱暗红色，两侧是粉红色，带有橘黄色或白色的斑点。甲壳部分近黑色，腹部背面有一楔形条纹。

生态习性：喜栖息于水体较浅、水草丰盛的溪流、湿地和沼泽，也临时性地栖息于沟渠和池塘。不善游泳，多在水底栖息。适应性极广，具有较广的适宜生长温度，在水温为 10~30℃ 时均可正常生长发育。亦能耐高温严寒，可耐受 40℃ 以上的高温，也可在气温为 -14℃ 以下的情况下安然越冬。杂食性，可以摄取植物性饵料和动物性饵料，如水草、植物碎屑、底栖动物、小鱼虾、蝌蚪等。饵料不足或群体密度过大时会相互残食。繁殖季节喜掘穴，繁殖期主要集中在 8—11 月，8 月有少量个体开始产卵，9 月达到高峰期。

资源现状：除瀑河外，流域内均有分布，主要分布在藻苲淀和以大鸭圈、烧车淀为中心的北部区域。产量大，为常见种，是主要捕捞对象之一。

经济意义：价廉味美，营养丰富，是重要的经济虾类。因其繁殖迅速，取食植物的根叶或鱼蚌幼苗以及在泥中挖洞，造成对农田及水利设施的破坏，所以被列为入侵种。但由于大量捕捉食用，实际上已不能算作有害种类，在许多地区现已成为最受大众欢迎的水产品之一。

（三）长臂虾科 Palaemonidae

白虾属 *Exopalaemon* Holthuis，1950

4. 秀丽白虾（xiù lì bái xiā） *Exopalaemon modestus* Heller，1862

地方名：白虾

同种异名：*Palaemon modestus*；*Palaemon（Leander）modestus*；*Palaemon（Exopalaemon）modestus*；*Leander modestus*

形态特征：体长 30~50 mm。额角较短，长度小于头胸甲，末端稍向上扬；上缘基部的鸡冠状突起约与末端尖细部长度相等，具 7~11 齿；下缘中部具 2~4 齿，上、

体长 45 mm

下缘末端不具附加齿。额角下缘锯齿较大。第1触角柄基节前缘圆，前侧刺小。大颚有触须，由3节构成。头胸甲具有触角刺及鳃甲刺，不具肝刺，鳃甲刺稍大于触角刺，鳃甲沟明显而长。腹部各节背面圆滑无脊，第5腹节侧板顶端宽圆形；尾节末端较宽，后缘中央有2根小毛。

第2步足指节长度约与掌部相等，有时稍长于掌部；腕节甚长，其长度约为掌部或指节的2倍。第3步足指节长度约为掌节的0.7倍；第5步足掌节后缘末端具横行短毛列，指节长度约为掌节的0.4倍。末3对步足指节短于掌节，掌节腹缘具小刺。

体色透明，散布有明显的棕色斑点。

生态习性：生活于淡水湖泊及河流中，偶见于河口区。白天潜入水底，夜间升到湖水上层，并喜光亮。属杂食性动物，终生以浮游动物、植物碎屑、细菌等为食。

抱卵期为4月中旬至8月末，5—6月为产卵的高峰期。卵较大，为浅棕绿色，直径（0.8~1.1）mm×（1.1~1.7）mm。

资源现状：流域内均有分布，产量较大，孝义河内数量最多，为常见种。

经济意义：肉质鲜美、营养丰富，为普通经济虾类。

沼虾属 *Macrobrachium* Bate，1868

5. 日本沼虾 （rì běn zhǎo xiā） *Macrobrachium nipponense* De Haan，1849

地方名：青虾

同种异名：*Palaemon（Eupalaemon）superbus*；*Bithynis nipponensis*；*Palaemon sinensis*；*Palaemon（Eupalaemon）nipponensis*；*Macrobrachium obtusifrons*；*Palaemon nipponensis*；*Palaemon asper*；*Macrobrachium meishanense*

形态特征：体长60~90 mm。体形粗短，呈长圆筒形。头胸部较粗大。额角侧扁，短于头胸甲，伸至第2触角鳞片末端；上缘平直，具11~14齿；下缘具3~5齿。头胸甲具触角刺、肝刺及胃刺，而无鳃甲刺，前侧角钝圆，额角后脊延伸至头胸甲中部。尾节短于尾肢，末端甚窄，末缘中央呈尖刺状，后侧缘各具2枚小刺，内侧刺的基部具有1对羽状毛；背面有2对短小的活动刺。

体长 65 mm

第 1 触角柄较短，不抵第 2 触角鳞片末端，柄刺不显著，第 1 节外缘末端有一尖刺。第 2 触角鳞片与额角等长，甚宽圆。大颚门齿部与臼齿部分离，触须细，由 3 节构成。第 3 颚足伸至第 1 触角柄第 2 节末端附近。第 1 步足短小，指节稍短于掌部。雄性第 2 步足特别强大，长度可超过体长，遍生小刺；雌性的较短，稍短于体长；指节与长节长度相等。后 3 对步足呈爪状。第 5 步足指节较短；掌节后缘末端具横行短毛列。

体呈深青绿色，具棕色斑纹。体色常随栖息环境而变化，湖泊、水库、江河水色清、透明度大，体色较浅，呈半透明状；池沼水质肥沃，透明度小，体色深，并常有藻类附生于甲壳上。

生态习性：喜生活在淡水湖泊、江河、水库、池塘、沟渠等水草丛生的缓流处，喜欢泥底的底质，尤其喜欢在水草丛生的泥底上栖息。冬季向深水处越冬，潜伏在洞穴、瓦块、石块、树枝或草丛中，活动力弱，不吃食物。产卵期为 6—9 月。刚产出的卵粒呈浅黄色，椭圆形，卵径（0.55~0.57）mm×（0.65~0.68）mm，受精卵卵粒饱满、晶亮、颜色较深。

资源现状：流域内均有分布，20 世纪中期时产量颇多，近年来资源量虽不及 20 世纪，但仍有较大产量，入淀河流内数量较多，为常见种。

经济意义：肉质细嫩，滋味鲜美、营养丰富，为我国最重要的淡水食用虾类之一，经济价值很高。除供鲜食外，还可剥制成干品，制成虾酱和虾油，是上等的调味佳品。虾壳可加工成工业用甲壳素和甲素糖胺，也可制成干粉，作为饲料添加剂，还具有很好的药用价值。

小长臂虾属 *Palaemonetes* Heller，1869

6. 中华小长臂虾（zhōng huá xiǎo cháng bì xiā）*Palaemonetes sinensis*（Sollaud，1911）

地方名：花腰虾

同种异名：*Allocaris sinensis*；*Palaemon sinensis*；*Palaemonetes*（*Allocaris*）*sinensis*

形态特征：体长 25~40 mm。雌性较雄性体型粗短。额角稍短于头胸甲，平直前伸，末端极尖锐，上缘具 5~6 齿，下缘具 1~2 齿。头胸甲具触角刺及鳃甲刺，不具肝刺，鳃甲沟约伸至头胸甲中部之前。额角后脊延伸至头胸甲中部附近。腹部圆滑；尾节稍长于第 6 节，末端较宽，中央呈尖刺状，两

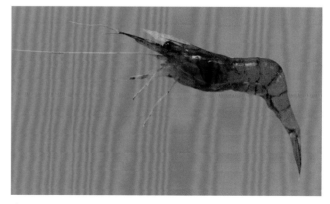

体长 47 mm

侧具 1 大刺及 1 小刺，背面有 2 对活动小刺。

眼宽于眼柄，具 1 小单眼。第 1 触角柄柄刺较小，伸至第 1 节中部附近，上鞭内枝长度不到头胸甲长的 2/3，基部与外枝愈合。第 2 触角鳞片外末角刺超出第 1 触角柄末端。大颚无触须，门齿部具 3 小齿，臼齿部也具有小突起。第 3 颚足伸至第 1 触角柄第 1 节末端附近，侧鳃发达。

第 1 步足伸达或稍超出第 2 触角鳞片末端；螯较宽，指与掌等长。第 2 步足较细长，其螯完全超出第 2 触角鳞片末缘；腕节最长，约为掌节的 2.3 倍，掌节长度约为指节长度的 1.7 倍，指节不呈匙状。末 3 对步足呈爪状，第 3 步足掌节后缘具 4~5 根细刺；第 5 步足掌节后缘末半部具数列丛毛。雄性腹肢内肢不具内附肢。

体呈青绿色且透明，带有 7 条棕色条纹，第 3 腹节后缘的颜色最深。

生态习性：生活于淡水池沼内的水草丛中。杂食性，主要摄食浮游动物、底栖小型无脊椎动物、水生动物尸体、有机碎屑、植物碎片。繁殖季节自夏初至秋末。卵棕绿色。

资源现状：流域内均有分布，产量较大，但比其他虾类少，为常见种。

经济意义：为普通经济虾类，具有一定经济价值和观赏价值。

（四）弓蟹科 Varunidae

绒螯蟹属 *Eriocheir* De Haan，1835

7. 中华绒螯蟹（zhōng huá róng áo xiè）*Eriocheir sinensis* A. Y. Dai，1991

地方名：河蟹、胜芳蟹

同种异名：—

形态特征：体较大，头胸甲呈圆方形，宽稍大于长，后部宽于前部；背面隆起，额及肝区凹陷，胃区前有 6 个对称的突起，各具颗粒，胃、心区分界明显，中鳃区从末齿基部引入一颗粒隆脊，其外侧形成一斜角。额被 V 形缺刻分 2 叶。每叶具 2 锐齿，中央 2 齿大于 2 侧齿，齿缘有尖锐颗粒。眼窝深，背眼窝缘具颗粒，腹内眼窝齿尖锐。第 3 颚足大，具宽大的间隙；座节、长节内缘具硬刚

甲宽 48 mm

毛，内末角突出。前侧缘具 4 锐齿，第 1 齿最大，末齿最小，由此向内后侧方引入一条斜行颗粒隆线，后侧缘附近也具同样隆线。后缘宽而平直。

螯足粗壮，雄蟹的螯足比雌的大；长节三菱形，背缘近末端处具 1 锐刺，内、外缘均有小齿。腕节近方形，内缘末半部具 1 颗粒隆线向后伸至背面基部，内末角具 1 锐刺，刺后又有颗粒。雄性掌、指节基半部的内、外侧均密具绒毛，而雌性的绒毛仅着生于外侧，内侧无毛。掌节背、腹缘密具颗粒；指节内缘锯齿状。步足扁平，第 1 至第 3 步足腕节与前节的背缘均具刚毛，末对步足前节与指节基部的背缘与腹缘皆密具刚毛。

雄性第 1 腹肢粗壮，末端几丁质突起短小，稍弯向背外方。腹部三角形，第 6 节略呈梯形，宽大于长，尾节圆三角形。雌性腹部圆大。

背甲一般呈墨绿色，有时也呈赭黄色，腹面灰白色。

生态习性：喜栖于江河、湖泊的泥岸洞穴里和藏匿于石砾下或水草丛中，尤其是水质清新、水草丰盛的江河、湖泊、沟渠等水域。为杂食性动物，以浮游生物、小鱼虾、底栖无脊椎动物及动物尸体为食。每年 9—10 月开始生殖洄游，亲蟹由湖泊向江河，进入河口咸淡水交界处交配、繁殖，在 2—3 月形成繁殖盛期。抱卵蟹在浅海中生活 2~3 个月后，受精卵经孵化发育成大眼幼体，幼蟹从沿海的河口向内陆水系群集再溯江、河而上，洄游至江河、湖泊、水库、沟塘、稻田、沼泽等地定居。

资源现状：由于水利工程的建设截断了洄游通道，白洋淀的中华绒螯蟹不能自然繁殖，主要来源于增殖放流，已遍布淀内，产量较大。孝义河、漕河也有发现，为常见种。

经济意义：是一种名贵的经济蟹类，肉味鲜美、营养丰富，而且有较好的药用价值。是水产珍品，历来受我国民众喜爱。

参考文献

胡隐昌，董志国，郝向举，等，2020. 中国常见外来水生动植物图鉴. 北京：中国农业出版社.

李思忠，2017. 黄河鱼类志. 青岛：中国海洋大学出版社.

刘瑞玉，1955. 中国北部的经济虾类. 北京：科学出版社.

宋大祥，杨思谅，2009. 河北动物志·甲壳类. 石家庄：河北科学技术出版社.

王所安，王志敏，李国良，等，2001. 河北动物志·鱼类. 石家庄：河北科学技术出版社.

伍汉霖，邵广昭，赖春福，等，2017. 拉汉世界鱼类系统名典. 青岛：中国海洋大学出版社.

伍汉霖，钟俊生，2021. 中国海洋及河口鱼类系统检索. 北京：中国农业出版社.

解玉浩，2007. 东北地区淡水鱼类. 沈阳：辽宁科学技术出版社.

杨德渐，王永良，马绣同，等，1996. 中国北部海洋无脊椎动物. 北京：高等教育出版社.

张春光，赵亚辉，2013. 北京及其邻近地区的鱼类：物种多样性、资源评价和原色图谱. 北京：科学出版社.

郑葆珊，范勤德，戴定远，1960. 白洋淀鱼类. 天津：河北人民出版社.

中国生物物种名录. http：//www. sp2000. org. cn.

白 洋 淀 流 域
鱼类

中文名索引

学名索引